JN006824

機械・電気の資格と仕事

取りたい資格がわかる本

梅方久仁子［著］

技術評論社

※本書の内容は2020年12月現在の情報をもとにしています。

はじめに

この本は、”ものづくり”の仕事の中で、主に機械・電気に関わるさまざまな資格について紹介しています。これから機械・電機の仕事につきたい人や、すでに機械・電機の仕事をしているけれど、もっとステップアップしたい人に参考にしていただければと思います。なお、”ものづくり”の中でも建築・土木については、拙著『建築・土木の資格と仕事取りたい資格がわかる本』もご利用ください。

”ものづくり”は、実力がものをいう世界ではあるものの、意外に資格が必要です。

機械・電機を扱う仕事は危険が多く、仕事をするには最低限の知識を身につけておく必要があります。腕がものをいうからこそ、自分の腕前がどの程度なのかを確かめたり、他の人に認めてもらったりするためにも、資格が役立ちます。

第3章の資格の一覧を見ると、どのような仕事があり、どのような知識や技術が求められているのかが、なんとなくわかってくると思います。きっと、自分がどんな仕事をしたいかを探す手助けになるでしょう。

第2章では、資格の位置づけや学校の種類を紹介しました。やりたい仕事をするためには、どのような資格を目指すのか、どういう学校に進学するのかを考えるために使ってください。

新型コロナウイルスの影響で世界経済が大きな打撃を受ける中、「はやぶさ2」のカプセル帰還は私たちに夢を与えてくれました。その「はやぶさ2」には、小さな町工場の特殊なねじが使われています。大勢の技術者や職人の活躍が、宇宙開発のような大きなプロジェクトから、私たちの暮らしのすみずみまでを支えています。あなたがその仲間入りをするために、本書が少しでもお役に立てれば幸いです。

著者

第1章 機械・電気の仕事とは

第2章 知っておきたい資格と学校の基礎知識

第3章 資格ガイド

第１章

機械・電気の仕事とは

機械・電気とは、いったいどんな仕事でしょうか。やりがいは？　将来性は？　具体的な仕事の内容は？　機械・電気に関わるものづくりの仕事について、知っておきましょう。

1-1 機械・電気の仕事の魅力

機械・電気の仕事をする人たちは、どんなところにやりがいや満足感を得ているのでしょう。機械・電気の仕事の魅力を探ってみましょう。

◉ものを作る楽しさ

機械・電気の仕事は、“ものづくり”の世界です。あなたは工作に熱中したことがありますか。工夫をしたりコツコツ努力したりして、よいものができたときの達成感。何度も練習して上手に作れるようになったときの喜び。機械・電気は、そんな“ものづくり”の楽しさを満喫できる仕事です。

◉作ったものが目に見える

機械・電気の仕事の別の楽しさは、自分の仕事が目に見える形になることです。それは、パソコンとか冷蔵庫のような製品まるごととは限りません。小さなネジや金属の棒がひとつ足りなくても、機械は動きません。「この自動車の内部に私が作ったネジが使われている」「いま売れているゲーム機の電子基板はうちの工場で作ったもの」など、街中で製品を見て満足感を味わったり、周りの人に自慢したりできます。

◉人の暮らしや命を守る

“ものづくり”の仕事は、ときには人の命に関わることもあります。もし自動車のブレーキがきかなくなったら、火災報知器が正常に鳴らなかったら…。多くの人は、機械が予定通りに動くことは当たり前だと思っていますが、それは製品を作ったり管理をしたりする人たちの努力や苦労のたまものです。責任がある重要な仕事をまかされると、人はプレッシャーと同時に充実していると感じます。機械・電気の仕事は、多くの人の生命や暮らしを守る充実感を味わえる仕事です。

◉チームワーク

チームワークづくりも、“ものづくり”の仕事の魅力のひとつです。機械・電気の仕事の多くは、仲間との共同作業です。ほとんどの人は、スポーツで、グループ学習で、あるいは仲のいい友達との冒険旅行で、みんながひとつになって熱くなったことがあるでしょう。機械・電気の仕事でも、ときにはそんな楽しさを見つけられます。

◉実力主義

機械・電気の仕事は、知識、技術・技能、経験がものをいう、実力主義の世界でもあります。新米のうちは大変ですが、努力を積み重ねて腕を上げれば、実力を評価されます。家庭の事情で進学できなかったり、最初の職場でつまずいて転職したりしても、ばんかいのチャンスはいくらでもあります。

いかがでしょうか。機械・電気の仕事は、一見きつそうに思えます。工場で作業服を着て汗と油にまみれることもあり、大変できびしい仕事であることは、間違いありません。でも、きびしいからこそ大きなやりがいがある、とても魅力的な仕事ではないでしょうか。

▼ 機械・電気の仕事の魅力

- ものを作り上げる達成感がある。
- 作ったものが目に見える形で残る。
- 責任がある分、やりがいがある。
- 仲間とチームワークでやりとげる楽しさがある。
- 努力して得た能力が評価される。

1-2

機械・電気は どんな仕事か

機械・電気の仕事では、具体的にどういうことをやるのでしょうか。“ものづくり”の会社に就職したら、どういうものを作るのかを考えてみましょう。

小さなものから大きなものまで。多くの会社が協力して作る

機械・電気の分野でものづくりをするといったら、あなたはどんな会社を思い浮かべるでしょうか。多くの人は、自動車メーカーや家電メーカーを連想するかもしれません。でも、実はそれはごく一部です。

機械・電気の仕事では、多くの会社が協力して、いろいろなものを作っています。

たとえば家電製品を作るメーカーでも、すべての材料や部品を自社で作るわけではありません。逆に、家電メーカーといっても、外部の会社から購入した部品を組み立てるだけのときもあります。洗濯機を作るためには部品が、部品を作るにはその材料が必要です。

◉材料

機械や電気製品の主な材料は、金属です。金属材料には、鉄、銅、亜鉛、アルミニウムなどがあり、同じ鉄でもたとえば鉄鋼と銑鉄（せんてつ）※のように他の物質の含有量、強度、鍛え方などにより、さまざまな種類があります。金属以外にプラスチックやガラス材料を作る会社もあります。たとえば洗濯機にも、鉄や銅やプラスチックなど、さまざまな材料が使われています。

※ 銑鉄は、炭素の含有量が多い鉄材料。鋼鉄に比べるともろいが溶けやすく、鋳物製品などの製造に使われる。

◉部品

材料からは、部品が作られます。鋼板を切ったり曲げたりして注文された部品の形に仕上げる会社があれば、ネジ、ナット、バネなどを一定の規格で作る会社もあります。振動し続けてもはずれないネジ、大きさに0.01mmのくるいもないバネなど、ひとつひとつの部品が大切です。そのため、高い技術力が評価されれば、小さな町工場で作った高性能のネジが、宇宙船の部品として使われることもあるのです。

機械には、板やネジだけでなく、ある程度まとまったユニット部品を組み込むこともあります。たとえば洗濯機なら、電源ユニットやモーターユニットが使われています。ユニット部品の性能は、製品全体の性能に関わってきます。しかもコンパクトで価格が低く丈夫で故障しにくいものを作ろうとすれば、高い技術力とさまざまな工夫が必要です。

◉制御

家電製品をはじめとするいまの機械は、ほとんどがコンピュータで制御されています。機械を上手にコントロールするための電子基板を作ったり、ソフトウェアをプログラムしたりする仕事も重要です。

◉組立て

部品を作ったり、機械を組み立てるための機械も必要です。金属加工のような部品を作る機械、組立て用のベルトコンベアやロボット、機械が正常か調べる検査機器や測定器を作る仕事もあります。

もちろん、最終製品を作るための設計や組立ての仕事も必要です。ボイラー、家電製品、コンピュータ、自動車、ゲーム機、楽器など、さまざまな機械があり、いろいろな部品から組み立てられています。

◉維持管理

できたものを維持管理するのも、“ものづくり”の重要な仕事のひとつです。多くの機械は作りっぱなしでは正常に動きません。日々の操作やメンテナンス、修理などにも、機械・電気の技術者の力が必要です。

▼ 機械・電気に関わるさまざまな仕事

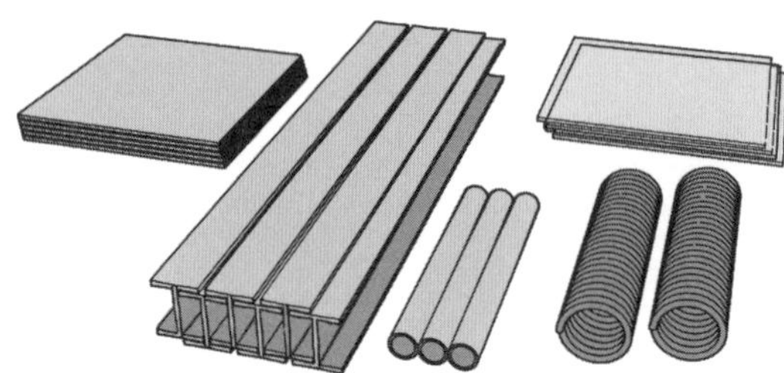

材料を作る
鉄鋼、銑鉄、銅、亜鉛、アルミニウム、プラスチック、ガラス、セメント、繊維　など

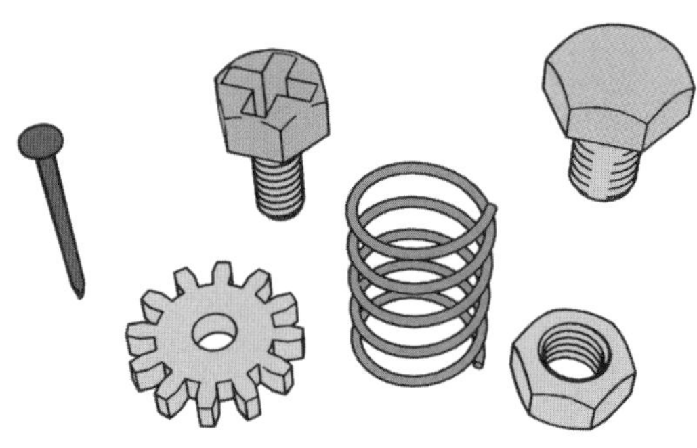

機械部品を作る
板、管、線、くぎ、ナット、ネジ、バネ　など

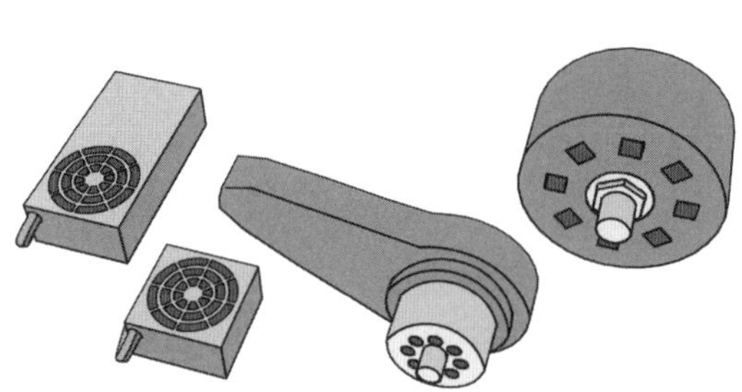

ユニット部品を作る
電源ユニット、モーターユニット、ファンユニット、スイッチユニット、エンジンユニット　など

電子部品や制御プログラムを作る
半導体、コンデンサー、抵抗器、電子基板、プログラム　など

機械を作るための機械を作る
金属加工用機械、組立て用ロボット、検査機器、測定器　など

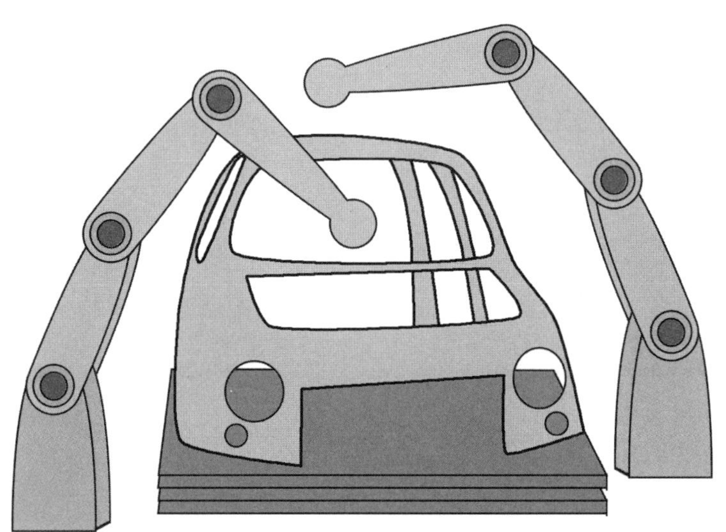

最終製品を作る
ボイラー、タービン、ポンプ、家電製品、エレベーター、工業用機械、冷凍機、農業用機械、建設機械、機械工具、加工用機械、事務用機械、娯楽・サービス用機械、計測器、分析器、医療用器械、光学器械、情報通信機器、輸送機器（自動車、自動車部品、鉄道車両、船舶、航空機）、ゲーム機、音響機器、運動用具　など

維持管理をする
操作、維持管理、点検、検査、修理　など

工作機械には、こんな種類がある　column

“ものづくり”の仕事にはさまざまな種類がありますが、金属加工は、重要な作業と言えるでしょう。金属を加工して形のあるものをつくるには、金属材料を切る、たたいて延ばす、押して曲げる、溶接してつなぐ、削る、磨く、金型に溶けた金属を流し込んで鋳造するなど、いろいろな方法があります。

たとえば旋盤という機械は、円筒形や円盤形の加工物を回転させながら刃をあてて、外側を均一に削ったり、穴を空けたりします。フライス盤は、平らな加工物に回転するフライス工具をあてて、面を平らにしたり、一部だけ削ったり、溝を彫ったりします。最近ではコンピュータでプログラムした通りに削ってくれる機械も使われていますが、ごく微妙な調整で正確に仕上げるためには、高度な職人技が必要とされています。

工業高校、高等専門学校、職業訓練校などでは、早い時期からこのような機械を実際に使って学ぶことができます。

技術者と職人のどちらを目指す？

機械・電気の仕事は、明確に分けるのは難しいのですが、設計から製作管理を担当する技術者と、加工技術などの技に優れた職人のように目指すところの違いによって進むべき道も変わってきます。

◉技術者を目指す

製品の設計をするには幅広い知識が必要なため、最終的には大学や大学院卒業を目指したほうがよいでしょう。工学部には夜間学部のある大学もあるので、昼間の大学進学が難しい場合は夜間の学部を目指したり、いったん社会人として働いたあと、社会人入学で学び直す方法もあります。また、就職先は最終製品を作るメーカーやユニット部品などある程度形のあるものを作るメーカー、または設計事務所のようなところが向いているでしょう。

◉職人を目指す

現場の職人を目指すのであれば、工業高校か高等専門学校で学んだあと、部品を作る製作所などに就職して腕を磨いていくといいでしょう。思い切って就職先を探して職場に飛び込んでみることもできますが、職業訓練制度を利用するなど、ある程度作業を経験してからのほうが、どんな仕事をやりたいのか、自分にはどんな仕事が向いていそうかを見つける助けになるでしょう。

◉社会人の学び直しもある

すでに社会人であれば、職業訓練制度を利用して勉強し直す方法もあります。他の業種での離職後にボイラーや電気関係の資格を取って、ビルメンテナンス業などへ転職する人もおられます。

◉新しい技術を学びつづける姿勢

機械・電気の仕事は資格を取れば終わりというわけではなく、仕事についてからも腕を磨き、新しい技術を学んでいかなくてはなりません。一生勉強を続ける苦労はありますが、逆に常に新しい知識を身につけ工夫する楽しさにもつながってきます。好奇心が強く学ぶことが好きな人は、“ものづくり”の仕事に向いているかもしれません。

自分はどんな仕事に向いている？ column

自分はどんな仕事に向いていると思いますか。

電車が好きだから鉄道会社で働きたいとか、ケーキが好きだからお菓子屋さんになりたいといった考え方は、悪くありません。でも、仕事につく前から、金型が好き、ネジが好き、溶接が好きという人はあまりいないと思います。ところが機械・電気の多くの会社が、そういう材料や部品を作るメーカーです。本当はものづくりに向いている人でも、身近なものだけで考えていると、将来の仕事として思い浮かばないかもしれません。

少し視点を変えて考えてみてはどうでしょう。

自分は、じっと机に座っているのが好きなのか、それとも身体を動かすことが好きなのか。手先を使った細かい作業が得意なのか、あれこれアイデアを練るのが好きなのか。機械を動かすことが好きなのか、人間の手で作り上げることが好きなのか。また、工作が好きなのか、人と接することが好きなのか。

そうやって考えていくと、自分が本当にものづくりの仕事に向いているのか考える助けになるかもしれません。

1-3 ものづくり産業の将来は?

いったん仕事につくと、通常は何十年かその世界で働くことになります。機械・電気をはじめとするものづくり産業の将来はどうなっていくのでしょう。

◉ものづくりの仕事はなくなるのか？

人間が暮らしている限り、ものづくりの仕事がなくなることはありません。また、人数が多い団塊の世代（1947年～1949年生まれ）の人たちが年を取って引退していくのに対して、少子化で若者の働き手はどんどん少なくなっています。これからしばらくはどんな業種でも人手不足の時代になりそうです。

ただし、仕事の内容は、時代と共に変わっていくかもしれません。いまの機械はコンピュータ制御が当たり前になり、機械製作の分野でも電気や情報処理の知識が必要になってきています。将来はさらに自動化が進み、多くの機械はAI（人工知能）が制御するロボットが製作し、人間の工場労働者は必要なくなっていくかもしれません。

◉人間でなければできないこと

それでも、その製作のための機械を作る人、維持管理する人、プログラミングする人は必要です。当分の間は、新しいものを作るときや機械に指示を出すときに職人の熟練の技や経験が必要になるでしょう。また、“ものづくり”の本質である、どんなものを作るかというアイデアは、まだまだ人間の出番が必要でしょう。

◉新しい技術・技能への挑戦

新しい技術が開発されれば、必要な人材の質も変わっていきます。昔は手作業でやっていたことが機械化されれば、機械を操作できる人が求められるようになるでしょう。経験を積み熟練した技術・技能を身につけると共に、時代の変化に対応できるように、常に情報をキャッチして、新しいものに挑戦していかなくてはなりません。そうすれば活躍の場はたくさんありそうです。

◉活躍の場はグローバルに

近年、グローバル化により工場の海外移転が進んでいます。新型コロナウイルスの影響で、国内生産に戻る企業も出ているものの、インターネットでつながった世界では、国際的にものが流通していく流れは変わりそうにありません。国際的な資格を取って海外で働いたり、国内でも海外企業からの注文で仕事をしたりする機会はこれからもどんどん増えていくでしょう。

逆に、IT化が進んだ時代には、地方にいながら世界的な仕事をできるようになっていくかもしれません。

第2章

知っておきたい資格と学校の基礎知識

ここでは、資格を取るために知っておくと便利な、資格と学校の基礎知識を紹介します。資格にはさまざまな種類があります。また、学校にも、高等学校、高等専門学校、大学、専修学校など、いろいろな選択肢があります。資格の重要性や取りやすさを判断するために、資格と学校について知っておきましょう。

2-1 資格の種類

資格には、さまざまな種類があります。持っていなければ仕事ができない資格があれば、なくても仕事をしてかまわない資格もあります。また、法律で定められた国家資格があれば、民間団体が独自に認定する資格もあります。目標とする資格はどんな資格なのか判断できるように、資格の種類について説明します。

仕事との関係

資格には、持っていないと仕事ができない資格と、技能や知識のレベルを証明する資格があります。

持っていないと仕事ができない資格

医師や看護師になるには、資格が必要です。弁護士や税理士も資格が必要な職業です。もっと身近な職業では、どうでしょうか。自動車を運転して配達の仕事をするには、運転免許が必要です。大型トラックを運転するには大型免許が、タクシーやバスの運転手になるには、「第二種運転免許」が必要です。いくら運転が上手でも、普通の運転免許（第一種運転免許）だけでは、お客さんを乗せて走ることはできません。

工場で工員として働くときは、どうでしょうか。ガス溶接の仕事をするためには、あらかじめ「ガス溶接技能講習」を受けなくてはなりません。クレーンで運ぶ荷物を固

定する作業をするにも「玉掛け特別教育」を受ける必要があります。工場にはいろいろな機械があり、ちょっとしたミスから大事故になることがあります。そこで、最低限の知識や技を学んでからでなければ、仕事につけない作業がたくさんあります。このような講習を受ける程度の資格は、多くは就職後に会社が受けさせてくれます。それでも、必要とする資格をすでに持っている人は歓迎されるでしょう。

数日の講習では取れない資格が必要とされることもあります。たとえば、仕事で電気工事を行うには電気工事士の資格が必要です。電気工事士は、専門学校などで学ぶか電気工事士試験に合格しないと、取れません。電気工事の仕事をしたければ、まず資格が必要です。

技能や知識のレベルを証明する資格

英語を話すのに、資格は必要ありません。でも、英語検定1級、2級と聞けば、その人がどの程度英語ができるのかがわかります。資格の中には、このように技能や知識のレベルが一定以上であることを証明するものがあります。

たとえば、機械加工の技能検定フライス盤作業1級と聞けば、その人がフライス盤についてはかなりの技能と経験を持つ人だとわかります。その会社に技能検定1級の人が何人いると言えば、会社の実力がどのくらいかわかります。また、何かの都合で会社を辞めたときに「技能検定1級」と履歴書に書ければ、次の職場を見つけやすくなります。

資格の位置付け

国家資格

国家資格とは、法律で名称、認定方法、業務内容などが細かく定められている資格です。法律をもとに認定されるのですから、一般的に信頼性が高くなります。

持っていないと仕事ができない資格の多くは、国家資格です。たとえば、電気工事士は電気工事士法で、ボイラー技士は労働安全衛生法で定められた国家資格です。

以前は、国家資格の多くは国が直接国家試験を行っていましたが、最近では公益財団法人などの外部団体に認定作業を委託するものが増えています。たとえば電気工事士試験は一般財団法人電気技術者試験センターが、ボイラー技士試験は公益財団法人安全衛生技術試験協会が実施しています。

国家資格の中には、資格を持っていない人がその業務を行うことを法律で禁止しているものがあります。このような資格を「業務独占」の資格と呼びます。電気工事士やボイラー技士は、業務独占の資格です。

国家資格には「名称独占」の資格もあります。これは、資格を持っていない人が「○○士」「○○師」などと名乗ることを法律で禁止するものです。たとえば、建築士の資格を持たない人が建築士と名乗ってはならないことは、建築士法で禁止されています。「建築師」のような紛らわしい名前も使ってはいけません。ものづくりの仕事の場合は、その仕事をできるかどうかが重要なことが多いのですが、人の相談に乗ったりする仕事では、資格の名称を名乗るかどうかで信用度が違ってくるからです。

なお、この本では作業主任者のように厳密には資格でないものでも、法律で規定されている場合は、それだけの重みがあるとして国家資格として扱っています。

▼ 建築士法より

（名称の使用禁止）

第三十四条　建築士でない者は、建築士又はこれに紛らわしい名称を用いてはならない。

2　二級建築士は、一級建築士又はこれに紛らわしい名称を用いてはならない。

3　木造建築士は、一級建築士若しくは二級建築士又はこれらに紛らわしい名称を用いてはならない。

公的な資格

以前は、法律には定めがないものの国土交通省、文部科学省、厚生労働省などの省庁が認定してバックアップするものを公的資格と呼んでいました。現在、この制度はなくなり、厳密には公的資格というものはありません。

ただ、中には、法律で認定方法までは決められていないものの、国への許認可申請の際に信頼性がある資格として認められていたり、省庁が後援したりするものがあります。そのような資格を公的な資格と呼ぶことがあります。

民間資格

法律等の規定がなく、民間団体が自由に認定しているものを民間資格と呼びます。民間資格には、信頼性が低くあまり役に立たないものから、業界団体などで取り決めがあり、実質的には資格がないと仕事をさせてもらえないものまであり、さまざまです。取得するときには、どんな資格なのか、どのように役立つのかをよく調べておく必要があります。

資格の取り方

資格は取りやすさで分けることもできます。一般的には、簡単に取れる資格はあまり評価されず、取るのが難しい資格は評価されます。

資格を取るには、講習を受ける、学校に通って特定の学科を卒業する、仕事をしながら実務経験を積む、試験を受けて合格するといった方法があります。資格によって、これらのうち1つだけでよいものもあれば、いくつかの方法を組み合わせているものもあります。

また、同じ資格でも取り方が何種類か用意されていて、人によって違う方法で資格を取れるものもあります。たとえば、工事担任者の資格は、国家試験に合格するほかに、養成課程のある工業高校や高等専門学校を卒業したり、数か月の認定講座を受講したりしても取得できます。

講習

半日〜数か月程度の講習を受講するだけで取れる資格は、比較的取りやすいと言えるでしょう。たとえばフォークリフト技能講習、玉掛け特別教育などは講習を受けるだけで資格を取れます。

労働安全衛生法では、ある種の危険な業務に就く場合には、技能講習または特別教育を受けることを義務づけています。どちらも講習を受けるという点では同じですが、技能講習は都道府県労働局長の登録教習機関が実施するもので、特別講習は定められた内容を事業者が社内で実施するものです。また、同じ業務のために行う場合でも、技能講習と特別教育では講習内容や資格の内容が異なります。たとえばフォークリフトの運転では、特別教育では最大荷重1t（トン）未満のものしか運転できませんが、技能講習を受ければ1t以上のものを運転できます。

一般的には、新入社員として入社したら、最初に会社の指示で、仕事に必要な特別教育や技能講習を受けていくことになるでしょう。

なお、講習を受ければ取れる資格でも、受講するために学歴や実務経験が必要なもの、最後に修了試験に合格しないと受講したと認めてもらえないものもあります。

学校

高等学校、高等専門学校、短期大学、大学、専修学校など学校卒業を条件にする資格があります。同じ高卒や大卒でも、学科によって条件が異なる場合が多いので、注意しましょう。中には、特定の選択科目を履修しないと、卒業はできても資格取得ができなくなる場合があります。資格取得を目的に進学する場合は、取得条件をよく確認しましょう。

学校の種類については、あとで詳しく説明します。

実務経験

関連する業務で一定期間働くことが資格取得の条件になることがあります。

資格によって、求められる実務経験は異なります。実際の職務内容が指定されていることが多いので、気をつけましょう。たとえば、ボイラーを扱う工場で働いていても、ボイラーに関係ない仕事であれば、ボイラー技士に必要な実務経験とはみなされません。

また、同じ仕事をしていても、資格を持つ指導者の監督がないと実務経験とみなされない場合もあります。必要な実務経験を満たすには、就職先を選んだり、配置転換を願い出たりする必要も出てきます。資格を取りたいと思ったら、認定機関に問い合わせたり勤務先に相談したりして、よく確認しておきましょう。

なお、転職などで2社以上の実務経験がある場合は、通常は合算して申告できます。

試験

資格の取り方としては、もっともわかりやすい方法です。

資格によって、誰でも試験が受けられるものと、試験を受けるために学歴、実務経験、講習受講などの条件があるものがあります。

重要な資格は、学歴、実務経験、試験合格のすべてが必要になることが一般的です。ただ、取ることが難しいだけ、資格への評価も高くなります。

試験は、学科試験で知識を問うものと、実技試験で実際の作業能力を問うものがあります。また、実技試験には、実際に溶接などの作業を行うものと、筆記試験、レポート、図面作成などで作業能力を測るものがあります。

試験対策は、勉強と練習しかありません。受験前には過去問題などを参考に、実際に何度もやってみるのがいいでしょう。

登録・更新

学歴、実務経験、試験合格など資格取得の条件を満たしても、厳密に資格を取ったとは言えません。多くの資格では、取得条件を満たしたあとに登録手続きが必要です。合格したうれしさのあまりうっかり忘れないように、登録手続きを済ませましょう。

資格の中には、数年ごとに更新手続きが必要なものがあります。手続きだけで更新できるもの、更新用の講習受講が条件のもの、レポート提出が必要なものなど、条件はさまざまです。せっかく取った資格を失効させてしまわないように注意しましょう。

2-2 学校の種類

資格を取るにはさまざまな条件があり、学歴もそのひとつです。学校の種類は実はかなり多く、資格の取り方の説明を読むと、あまり見慣れない学校がでてくるかもしれません。資格取得に関連する学校の知識をざっと紹介しておきましょう。

いろいろな種類の学校がある

医療系の資格には学校卒業を条件とするものが多く、医師、薬剤師、看護師などはすべて学校を卒業しなければ取れません。それに比べてものづくりの資格には、学歴がないと絶対取れない資格はほとんどありません。中卒や高卒で仕事の世界に飛び込んで、現場で腕を磨きながら資格を取っていくことも可能です。

ただ、多くの資格は、学歴によって資格取得に必要な実務経験年数が違っています。また、試験がある資格では、学校で基本から教わるほうが楽な場合が多いようです。学校によっては、資格試験のための補習をしてくれることもあります。それに実務経験を積むためにはまず就職する必要があり、機械・電気関係の求人が集まる機械科や電気科の学校は、就職先を見つけるためにも便利です。

機械・電気の仕事につこうと決心したときに、もしあなたが中学生なら工業高校や高等専門学校の、もし高校生なら大学や専修学校の機械・電気関連学科への進学を考えてはどうでしょう。すでに社会人でも、専修学校や大学に入り直したり、数日から数か月の養成課程で学んだり、あとで説明する公共職業訓練を利用したりする方法もあります。

中学校卒業後に進学するもの

高等学校（工業科など）

職業教育として工業技術を学ぶ高等学校（いわゆる工業高校）には、機械、電気、電気通信などの学科を設置するところがあります。このような学科を卒業すれば、関連する資格を取得するときに有利になる場合があります。たとえば、2級電気工事施工管理技士の第二次検定を受検するときに指定の学科を卒業していれば、普通科高校卒業では8年以上必要な実務経験が3年以上で済みます。また、工事担任者や無線従事者の認定校であれば、国家試験の試験科目が一部免除されます。

実習で実際に機械を触りながら学べることは、ものづくりに興味を持つ人にとっては大きな魅力でしょう。進路についても、高卒でものづくり業界に就職する場合には、仕事の基礎を学んでいるぶん、普通科高校よりも有利です。ただ、専門教育を受ける代わりに普通科目の履修時間数は少なくなります。大学進学を希望する場合は、推薦入学を利用する方法もありますが、一般入試では普通科高校のほうが有利でしょう。

高等専門学校

いわゆる「高専」で、中学を卒業して入学する5年制（本科）の学校です。早い段階から実験や実習を重視した専門教育を受けられます。高度で実践的な教育を実施していることから卒業生に対する企業の評価は一般的に高いと言えるでしょう。そのため定員の割には入学希望者が多く、入学は簡単ではありません。卒業すると一般に準学士の称号を得ることができ、2年制の短期大学卒業と同等とみなされます。

5年制の本科を卒業後、より高度な内容を学ぶ2年制の専攻科への進学もできます。専攻科を卒業すると一般に4年制大学卒業と同等とみなされ、大学評価・学位授与機構の審査に合格すると、大学卒業と同じ学士の称号を授与されます。また、本科を卒業後、大学工学部などの3年または2年に編入する道もあります。有名国立大学など多くの大学が、高専卒業生の3年時編入試験の受験を認めています。

ただし、中学卒業の段階で進路を決めてしまうことになるため、あとからの進路変更は難しくなります。文系の学部や、理系でも医学部・薬学部などへ進学したくなると、高専では習わない学科を自分で勉強するなど、大きな回り道が必要になる可能性があります。

専修学校（高等課程）

専修学校は実践を重視した職業訓練を目的とする学校のうち、学校教育法で定められた一定の基準を満たすものです。専修学校（高等課程）は、中学を卒業すると入学することができ、高等専修学校とも呼ばれます。専修学校（高等課程）と専修学校（専門課程）（→p.36）を併設する学校もあります。

修業年限は1年以上で学校によって異なりますが、3年以上の課程を修了すると専修学校（専門課程）へ進学することができます。また、文部科学省の定めた一定の基準を満たした大学入学資格付与指定校であれば、大学入学資格を得ることができ、一般的に高校卒業と同等とみなされます。

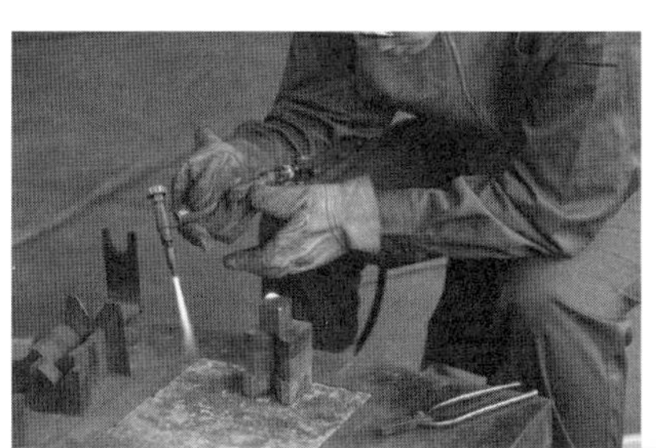

工業高校（機械科）の実習風景

（写真提供：神奈川県立 向の岡工業高等学校）

高等学校卒業後に進学するもの

大学

高等学校卒業後に入学して、専門分野を学ぶ4年制の学校です。職業教育のみではなく、高等教育機関として教養や研究者養成のための教育を行います。卒業すると学士の称号を得られます。

短期大学

高等学校卒業後に入学して、専門分野を学ぶ2年制または3年制の学校です。短期間で学ぶ大学という位置づけで、職業訓練だけではない教養科目などの高等教育を目的としています。卒業すると、短期大学士の称号を得られます。

専修学校（専門課程）

専修学校のうち、基本的に高等学校卒業者を対象に教育を行う学校で、専門学校とも呼ばれます。私たちは、さまざまな学校（各種学校）を広い意味で専門学校と呼ぶことがありますが、正式な校名に専門学校とつけられるのは、専門課程のある専修学校のみです。資格取得の条件として、専修学校（専門課程）とある場合は、狭い意味での専門学校しか該当しません。

修業年限が2年以上で文部科学省が認める一定の基準を満たす専門学校を卒業すると、専門士の称号が与えられ、短大卒業と同等とみなされます。また、一定基準を満たす修業年限4年以上の学校を卒業すると、高度専門士の称号が与えられ、大学卒業と同等とみなされます。

公共職業訓練

国や地方自治体は、自前で設置した職業能力開発施設や民間の専修学校などの委託施設で、さまざまな職業訓練を行っています。学校教育法で定めた学校とは別のものですが、このような職業訓練も、資格取得の

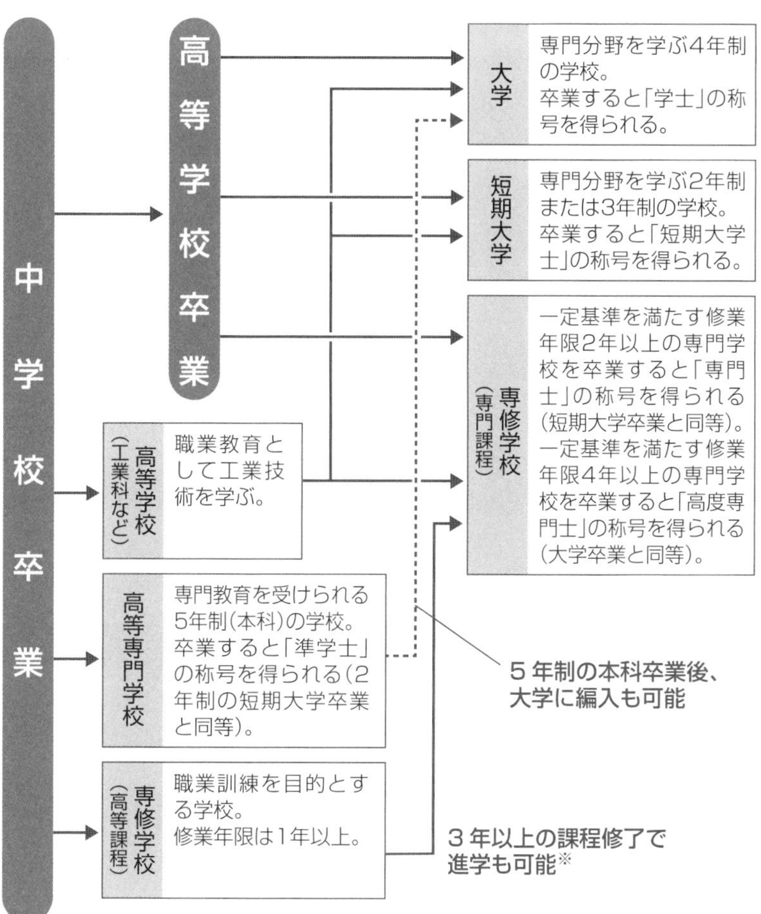

※　大学入学資格付与指定校であれば、大学等への進学も可能。

条件として使える場合があります。

公共職業訓練には、さまざまな職業に対するコースがあり、機械・電気関係のものも多く含まれています。

◉対象者

大きく分けて「離職者訓練」「学卒者訓練」「在職者訓練」の3つがあります。

「離職者訓練」は、ハローワークの求職者（主に雇用保険受給者）を対象に3か月から1年間程度行われるもので、テキスト代等を実費負担するほかは無料で受けられます。すでに社会人で、これからものづくり業界に転職したい場合には、役立ちます。

「学卒者訓練」は、高等学校卒業者等を対象に、有料で1年または2年行われるものです。「在職者訓練」は、中小企業で働く人などを対象

高校卒業資格を取るには　column

同じような仕事をしても中卒か高卒かで給料が違ったり、資格取得に必要な実務経験年数が大きく違ったりします。高校を卒業せずに就職した場合でも、できれば高卒資格は取っておいたほうがよいでしょう。

通信制や定時制の高校に通うほかに、次のような方法で高卒と同等とみなされる制度があります。

専修学校（高等課程）へは中学を卒業すれば入学できますが、中には大学入学資格付与指定校があり、ここを卒業すると大学や短大への進学が可能になります。また、一般的に高校卒業と同等とみなされます。

技能連携校という制度もあります。通信制高校で学ぶ生徒が同時に技能連携校の指定を受けた専修学校（高等課程）などに在籍する場合、そこでの教育が、通信制高校の一部の教科の履修とみなされます。技能を学びながら通信制高校を卒業しやすくなる制度です。

高校に在籍しなくても、高等学校卒業程度認定試験（旧大学入学資格検定）に合格すれば、進学・就職の際には高校卒業と同等とみなされます。科目数が多くひとりで勉強するのは大変ですが、ある程度学力がある人なら、時間をかけずに高卒資格を得られます。

に、スキルアップや資格取得のための講習を有料で数日から数か月程度行います。

◉内容レベルと期間

訓練には、中卒者や高卒者を対象に基本的な技能と知識を習得する普通職業訓練、高卒者を対象に高度の技能と知識を習得する高度職業訓練（専門課程）、専門課程修了者等を対象に高度で専門的かつ応用的な訓練を行う高度職業訓練（応用課程）があります。

また、それぞれの訓練には原則として1年の長期課程と、12時間以上5か月以下の短期課程があります。

◉職業能力開発施設

職業能力開発施設には、次のような種類があります。

▼ 職業能力開発施設の種類

施設の種類	受講できる訓練
職業能力開発校	普通職業訓練の長期間と短期間の訓練課程。
職業能力開発短期大学校	高度職業訓練（専門課程）の長期間と短期間の訓練課程。
職業能力開発大学校	高度職業訓練（専門課程）の長期間と短期間の訓練課程と、高度職業訓練（応用課程）の長期間の訓練課程。
職業能力開発促進センター	普通職業訓練または高度職業訓練（専門課程）の短期間の訓練課程。
障害者職業能力開発校	障害者を対象に、その能力に適応した普通職業訓練または高度職業訓練（専門課程）。

職業能力開発総合大学校とは

column

東京都小平市にある職業能力開発総合大学校は、職業能力開発促進法のもと厚生労働省が所管する省庁大学校です。職業訓練指導員の養成を行う日本で唯一の大学校であり、高校卒業後に4年間でものづくりの基本を学び、国家資格の職業訓練指導員免許と大学卒業にあたる学士号を取ることができます。

充実した設備での実習が多く、大学工学部に比べると1年次から実践的な技術を学べるのが特徴です。機械専攻、電気専攻、電子情報専攻、建築専攻があり、全国からひとづくり・ものづくりの達人を目指す若者が集まっています。

卒業後は、全国にある職業能力開発施設の指導員として活躍するほか、職業能力開発研究学域（大学院修士課程相当）などへの進学、一般企業への就職など、さまざまな進路が選択できます。

高校から大学や専門学校という一般的なルートだけでなく、さまざまな進路を探してみるのもいいでしょう。

大学校での実験実習風景

（写真提供：職業能力開発総合大学校）

第３章

資格ガイド

機械・電気の資格には、どのようなものがあるのでしょうか。仕事の分野別に、資格の名称、種類、特徴、取り方などを紹介していきます。自分はどんな資格を取ればよいのか、必要な資格を取るためにはどうすればよいのか、参考にしてください。

※この章の「認定機関」では、法律上は省庁が認定する場合でも、試験や講習の実施など、認定業務を主に代行する機関を掲載しています。

3-1 機械加工の技能の資格

プロの技術者や職人としてよい仕事をするためには、その作業についての幅広い知識、優れた技術、豊富な経験などが必要です。また、仕事の影響でケガをしたり病気になったりしないためには、安全に関する知識も大切です。現場で業務を行うために必要な資格、取得を目指すことで技能を高めたり、高い技能を証明したりできる資格を紹介します。

技能検定（技能士） 国家資格

関連法規	職業能力開発促進法	認定機関	都道府県職業能力開発協会、民間の試験機関

技能検定は、働く人の技能を検定し、特定の職種（作業）について一定の基準に達していると国が証明する制度です。職業能力開発促進法に定められた国家資格で、技能検定に合格した人はその職種（作業）について「技能士」を名乗ることができます。

技能検定には、国（厚生労働省）が定めた実施計画に基づいて、中央職業能力開発協会が問題を作成し、各都道府県職業能力開発協会が実施するもの111職種（2020年4月現在）と、民間の指定試験機関が実施する19職種があります。また、職種によってはいくつかの作業があり、受験の際はどれかひとつの作業を選択して受験します。

都道府県職業能力開発協会が実施する検定は前期と後期の年2回試験が行われ、職種によって実施時期が異なります。すべての職種で毎年検定が行われるわけではなく、都道府県によって、または年度によって試験が実施されない職種があります。民間が実施する19職種では、試験実施時期等の詳細は、試験機関ごとに異なります。

ここでは、各都道府県職業能力開発協会と民間の指定機関が実施する職種の中から、機械・電気に関係するものを紹介します。

職種（作業）によって、特級、1級、2級、3級等に等級を区分するものと、区分がない単一等級のものがあります。等級の程度は、以下の通りです。特級及び単一等級は職種ごと、1～3級は作業ごとの試験となります。

等級	程度
特級	管理者または監督者が通常有すべき技能の程度
1級及び単一等級	上級技能者が通常有すべき技能の程度
2級	中級技能者が通常有すべき技能の程度
3級	初級技能者が通常有すべき技能の程度

なお、外国人技能実習生等を対象として随時実施する随時2級、随時3級、基礎級があります。

受験資格

技能検定を受験するには、受験する職種について原則として次のような実務経験が必要です。

等級	実務経験
特級	1級合格後5年以上
1級	7年以上
2級	2年以上
3級	―
単一等級	3年以上

3級は、以前は6か月以上の実務経験が必要とされてきましたが、2013年4月からは実務経験6か月未満でも受験できるようになりました。また、以前から検定職種に関する学科の在学者や、検定職種に関する訓練科で職業訓練を受けている人は、実務経験がなくても3級を受験できます。

なお、職種や級によっては、労働安全衛生法に基づく免許を取得または、技能講習や特別教育を修了していなければ実技試験を受けられない場合があります。

試験内容

試験は、検定職種ごとに実技試験と学科試験が行われます。

実技試験は、原則として試験日に先立って課題が公表されます。試験時間はおよそ4～5時間で、職種によっては標準時間と打ち切り時間が定められています。また、職種によっては、製作等作業試験の他に、実際的な判断等を試験する判断等試験(旧要素試験)、計画立案等作業試験(旧ペーパーテスト)が行われます。この場合は、試験問題は事前公表されません。

学科試験は、職種（作業)、等級ごとに全国で同じ日に行われます。

都道府県職業能力開発協会実施の技能検定で機械・電気に関連するもの

金属溶解(1・2級)

国家資格

関連する業種	鋳造業、金属製品製造業
対象とする技能の内容	金属溶解の技能

鋳造（次項参照）などのために金属を溶解する仕事です。

金属溶解（職種）には、鋳鉄溶解作業（1・2級)、鋳鋼溶解作業（1・2級)、軽合金溶解炉溶解作業（1・2級）があります。

鋳造(特～3級)

国家資格

関連する業種	鋳造業、金属製品製造業
対象とする技能の内容	鋳造の技能

鋳造とは、溶かした金属を鋳型に流し込んで製品を製造する仕事です。

鋳造（職種）には、鋳鉄鋳物鋳造作業（1～3級)、鋳鋼鋳物鋳造作業（1・2級)、非鉄金属鋳物鋳造作業（1・2級）があります。

鍛造（1・2級） 国家資格	関連する業種	鍛造業、金属製品製造業
	対象とする技能の内容	鍛造の技能

鍛造とは、金属を打撃や加圧することで、強度を高めたり形を整えたりする仕事です。

鍛造（職種）には、自由鍛造作業（1・2級）、ハンマ型鍛造作業（1・2級）、プレス型鍛造作業（1・2級）があります。

金属熱処理（特〜3級） 国家資格	関連する業種	鋳造業、金属製品製造業
	対象とする技能の内容	金属熱処理の技能

金属熱処理とは、金属を加熱したり冷やしたりすることで、強度、硬さ、ねばり強さなどの性質を変えることです。

金属熱処理（職種）には、一般熱処理作業（1〜3級）、浸炭・浸炭窒化・窒化処理作業（1〜3級）、高周波・炎熱処理作業（1〜3級）があります。

粉末冶金（1・2級） 国家資格	関連する業種	金属製品製造業
	対象とする技能の内容	粉末冶金の技能

粉末冶金とは、金属の粉末を金型に入れ、圧縮したり熱を加えたりして製品を作ることです。

粉末冶金（職種）には、成形・再圧縮作業（1・2級）、焼結作業（1・2級）があります。

機械加工（特〜3級） 国家資格	関連する業種	金属製品製造業
	対象とする技能の内容	機械加工の技能

機械加工とは、旋盤、フライス盤、ボール盤などの機械や工具を用いて、金属材料などを切る、磨く、穴を空けるなど加工することです。機

械を手で操作するいわゆる手加工のほか、プログラミングにより自動的に加工する数値制御式作業があります。

機械加工（職種）には、普通旋盤作業（1～3級）、数値制御旋盤作業（1～3級）、立旋盤作業（1・2級）、フライス盤作業（1～3級）、数値制御フライス盤作業（1・2級）、ブローチ盤作業（1・2級）、ボール盤作業（1・2級）、数値制御ボール盤作業（1・2級）、横中ぐり盤作業（1・2級）、ジグ中ぐり盤作業（1・2級）、平面研削盤作業（1～3級）、数値制御平面研削盤作業（1・2級）、円筒研削盤作業（1・2級）、数値制御円筒研削盤作業（1・2級）、心無し研削盤作業（1・2級）、ホブ盤作業（1・2級）、数値制御ホブ盤作業（1・2級）、歯車形削り盤作業（1・2級）、かさ歯車歯切り盤作業（1・2級）、ホーニング盤作業（1・2級）、マシニングセンタ作業（1～3級）、精密器具製作作業（1・2級）、けがき作業（1～3級）があります。

放電加工（特～2級）

国家資格	
関連する業種	金属製品製造業
対象とする技能の内容	放電加工の技能

放電加工とは、放電エネルギーにより金属の表面を溶かして加工する仕事です。

放電加工（職種）には、形彫り放電加工作業（1・2級）、数値制御形彫り放電加工作業（1・2級）、ワイヤ放電加工作業（1・2級）があります。

金型製作（特～2級）

国家資格	
関連する業種	金属製品製造業、プラスチック製品製造業
対象とする技能の内容	金型製作の技能

金型製作とは、さまざまな製品を作成するために必要な金型を作る仕事です。

金型製作作業（職種）には、プレス金型製作作業（1・2級）、プラスチック成形用金型製作作業（1・2級）があります。

金属プレス加工（特〜2級）

国家資格

関連する業種	金属製品製造業
対象とする技能の内容	金属プレス加工の技能

金属プレス加工とは、金属材料にプレス機械で力を加えて成形する仕事です。

金属プレス加工（職種）には、金属プレス作業（1・2級）があります。

鉄工（1・2級）

国家資格

関連する業種	製缶業、金属製品製造業
対象とする技能の内容	鉄工の技能

鉄工とは、鉄鋼材の加工、取付け、組立てなどを行う仕事です。

鉄工（職種）には、製缶作業（1・2級）、構造物鉄工作業（1・2級）、構造物現図作業（1・2級）があります。

工場板金（特〜3級）

国家資格

関連する業種	金属製品製造業
対象とする技能の内容	工場板金の技能

板金加工とは、薄く平らな金属板を曲げや打ち出しで加工する仕事です。工場板金は、板金加工の中でも工業製品に使われる板金加工の技術を扱います。

工場板金（職種）には、曲げ板金作業（1〜3級）、打出し板金作業（1〜3級）、機械板金作業（1・2級）、数値制御タレットパンチプレス板金作業（1・2級）があります。

めっき（特〜3級）

国家資格

関連する業種	金属製品製造業、めっき業
対象とする技能の内容	めっきの技能

めっきとは、金属等の表面に薄い被覆をする仕事です。

めっき（職種）には、電気めっき作業（1〜3級）、溶融亜鉛めっき作業（1・2級）があります。

アルミニウム陽極酸化処理（1・2級） 国家資格		
	関連する業種	アルマイト加工業、めっき業、金属製品製造業
	対象とする技能の内容	アルミニウム陽極酸化処理の技能

陽極酸化処理（アルマイト）とは、アルミニウムなどの金属でできた製品を陽極（＋極）として電解液の中で電気分解し、金属表面を酸化皮膜で覆うことです。酸化皮膜により、製品の表面を保護できます。

アルミニウム陽極酸化処理（職種）には、陽極酸化処理作業（1・2級）があります。

溶射（単独級） 国家資格		
	関連する業種	溶射加工業、金属製品製造業
	対象とする技能の内容	溶射の技能

溶射とは、金属やセラミックスを加熱したものを基材表面に吹き付けて皮膜で覆う仕事です。

溶射（職種）には、防食溶射作業（単独級）、肉盛溶射作業（単独級）があります。

金属ばね製造（1・2級） 国家資格		
	関連する業種	ばね製造業、金属製品製造業
	対象とする技能の内容	金属ばね製造の技能

金属製のばねを製造する仕事です。

金属ばね製造（職種）には、線ばね製造作業（1・2級）、薄板ばね製造作業（1・2級）があります。

仕上げ（特～3級）

国家資格

関連する業種	金属製品製造業
対象とする技能の内容	精密機械などの仕上げの技能

精密機械などの部品を加工して調整したり、組立てたりして、仕上げを行う仕事です。

仕上げ（職種）には、治工具仕上げ作業（1・2級）、金型仕上げ作業（1・2級）、機械組立仕上げ作業（1～3級）があります。

切削工具研削（1・2級）

国家資格

関連する業種	金属製品製造業
対象とする技能の内容	切削用工具を研ぐ技能

切削とは金属の表面を削って加工することです。切削工具研削とは、高い精度が求められる切削用工具を研ぐ仕事です。

切削工具研削（職種）には、工作機械用切削工具研削作業（1・2級）、超硬刃物研磨作業（1・2級）があります。

機械検査（特～3級）

国家資格

関連する業種	機械部品製造業
対象とする技能の内容	機械検査の技能

さまざまな測定機器を用いて、機械部品の検査を行う仕事です。機械加工の仕事を行ううえで、広く求められる技能です。

機械検査（職種）には、機械検査作業（1～3級）があります。

ダイカスト（特～2級）

国家資格

関連する業種	鋳造業、金属製品製造業
対象とする技能の内容	ダイカストマシンによる鋳物生産の技能

ダイカストマシンを使って、高い精度の鋳物を大量に生産する仕事です。

ダイカスト（職種）には、ホットチャンバダイカスト作業（1・2級）、コールドチャンバダイカスト作業（1・2級）があります。

電子回路接続
（単独級）

国家資格

関連する業種	電子部品・デバイス・電子回路製造業
対象とする技能の内容	電子回路接続の技能

電子回路とは、抵抗器、コンデンサ、トランジスタなどの電子部品を配置して接続し、制御など目的の動作を行わせるものです。電子回路接続とは、主に半田付けによってその電子回路を製作する仕事です。

電子回路接続（職種）には、電子回路接続作業（単独級）があります。

電子機器組立て
（特～3級）

国家資格

関連する業種	電子部品・デバイス・電子回路製造業
対象とする技能の内容	電子機器組立ての技能

集積回路、マイクロプロセッサ、コンデンサなどの電子部品を用いた電子機器を組み立てる仕事です。電子機器組立て（職種）には、電子機器組立て作業（1～3級）があります。

電気機器組立て
（特～3級）

国家資格

関連する業種	電気製品製造業
対象とする技能の内容	電気機器組立ての技能

回転電機、変圧器、配電盤・制御盤などの産業用電気機器を組み立てる仕事です。

電気機器組立て（職種）には、回転電機組立て作業（1・2級）、変圧器組立て作業（1・2級）、配電盤・制御盤組立て作業（1～3級）、開閉制御器具組立て作業（1・2級）、回転電機巻線製作作業（1・2級）、シーケンス制御作業（1～3級）があります。

半導体製品製造（特～2級）

国家資格

関連する業種	半導体製品製造業、電子部品・デバイス・電子回路製造業
対象とする技能の内容	半導体製品製造の技能

半導体製品や半導体集積回路を製造する仕事です。半導体製品製造（職種）には、集積回路チップ製造作業（1・2級）、集積回路組立て作業（1・2級）があります。

プリント配線板製造（特～3級）

国家資格

関連する業種	電子部品・デバイス・電子回路製造業
対象とする技能の内容	プリント配線板製造の技能

電子機器の主要な構成要素であるプリント配線板を製造する仕事です。

プリント配線板製造（職種）には、プリント配線板設計作業（1～3級）、プリント配線板製造作業（1～3級）があります。

産業車両整備（1・2級）

国家資格

関連する業種	製造業
対象とする技能の内容	産業車両整備の技能

産業車両とは、フォークリフトなど工場や倉庫内で使用される車両のことです。産業車両整備は、それら産業車両を整備する仕事です。

産業車両整備（職種）には、産業車両整備作業（1・2級）があります。

鉄道車両製造・整備（1・2級）

国家資格

関連する業種	鉄道車両製造・整備業
対象とする技能の内容	鉄道車両製造・整備の技能

鉄道車両を製造・整備する仕事です。

鉄道車両製造・整備（職種）には、機器ぎ装作業（1・2級）、内部ぎ装作業（1・2級）、配管ぎ装作業（1・2級）、電気ぎ装作業（1・2級）、鉄道車両現図作業（1・2級）、走行装置整備作業（1・2級）、原動機整

備作業（1・2級）、鉄道車両点検・調整作業（1・2級）があります。

内燃機関組立て（特〜3級） 国家資格	関連する業種	機械器具製造業、内燃機関製造業
	対象とする技能の内容	内燃機関組立ての技能

内燃機関とは、機関内部で燃料を燃やして熱エネルギーを機械エネルギーに変えるもので、いわゆる原動機やエンジンのことです。

内燃機関組立て（職種）には、量産形内燃機関組立て作業（1〜3級）があります。

空気圧装置組立て（特〜2級） 国家資格	関連する業種	機械器具製造業、空気圧装置製造業
	対象とする技能の内容	空気圧装置組立ての技能

空気圧装置とは、空気を圧縮または減圧して機器を動かす装置です。

空気圧装置組立て（職種）には、空気圧装置組立て作業（1・2級）があります。

油圧装置調整（特〜2級） 国家資格	関連する業種	機械器具製造業、油圧装置製造業
	対象とする技能の内容	油圧装置調整の技能

油圧装置とは、油を利用して機器を動かす装置です。

油圧装置調整（職種）には、油圧装置調整作業（1・2級）があります。

プラスチック成形（特〜3級） 国家資格	関連する業種	プラスチック製品製造業
	対象とする技能の内容	プラスチック成形の技能

熱や圧力を加えたり、冷却したりして、プラスチックを成形する仕事です。

プラスチック成形（職種）には、圧縮成形作業（1・2級）、射出成形作業（1〜3級）、インフレーション成形作業（1・2級）、ブロー成形作業（1・2級）があります。

強化プラスチック成形（1・2級）

国家資格

関連する業種	プラスチック製品製造業
対象とする技能の内容	強化プラスチック成形の技能

自動車の車体などに使われる強化プラスチックを成形する仕事です。

強化プラスチック成形（職種）には、手積み積層成形作業（1・2級）、エポキシ樹脂積層防食作業（1・2級）、ビニルエステル樹脂積層防食作業（1・2級）があります。

光学機器製造（特〜2級）

国家資格

関連する業種	光学機器製造業
対象とする技能の内容	光学機器製造の技能

光学機器とは、カメラや顕微鏡など光の性質や作用を利用した機器です。光学機器製造は、それら光学機器を製造する仕事です。

光学機器製造（職種）には、光学ガラス研磨作業（1・2級）、光学機器組立て作業（1・2級）があります。

時計修理（1〜3級）

国家資格

関連する業種	時計製造業、時計修理業
対象とする技能の内容	時計修理の技能

時計修理を行う仕事です。

時計修理（職種）には、時計修理作業（1〜3級）があります。

縫製機械整備（1・2級）

国家資格

関連する業種	縫製機械製造業
対象とする技能の内容	縫製機械整備の技能

縫製機械とはいわゆるミシンのことで、縫製機械整備は、工業用や家

庭用のミシンを整備する仕事です。

縫製機械整備（職種）には、縫製機械整備作業（1・2級）があります。

機械・プラント製図（1～3級）

国家資格

関連する業種	機械製品製造業
対象とする技能の内容	機械・プラント製図の技能

機械製品またはプラント工場の部品図や組立図を作成する仕事です。

機械・プラント製図（職種）には、機械製図手書き作業（1～3級）、機械製図CAD作業（1～3級）、プラント配管製図作業（1・2級）があります。

電気製図（1～3級）

国家資格

関連する業種	電気製品製造業
対象とする技能の内容	電気製図の技能

電気設備・機器の配線図や組立図を作成する仕事です。

電気製図（職種）には、配電盤・制御盤製図作業（1～3級）があります。

金属材料試験（1・2級）

国家資格

関連する業種	金属製品製造業
対象とする技能の内容	金属材料試験の技能

金属材料の硬さ、延性、展性などの特性を正確に測定する仕事です。

金属材料試験（職種）には、機械試験作業（1・2級）、組織試験作業（1・2級）があります。

民間実施の技能検定で機械・電気に関連するもの

機械保全（特級～3級・基礎級）

国家資格

関連する業種	製造業
対象とする技能の内容	機械保全の技能
認定機関	日本プラントメンテナンス協会

工場の設備や機械のメンテナンスを行う仕事です。

機械保全（職種）には、機械系保全作業（1～3級)、電気系保全作業(1～3級)、設備診断作業（1・2級）があります。

情報配線施工（1～3級） 国家資格		
	関連する業種	電気通信工事業
	対象とする技能の内容	情報配線の施工に必要な技能
	認定機関	高度情報通信推進協議会

光ファイバをはじめとする情報通信配線の施工を行う仕事です。

情報配線施工は、作業による区分けはありません。

試験の内容は工事担任者（→p.91）と一部重なる部分がありますが、情報配線施工技能検定試験は、LAN等の情報通信配線に特化し、施工技能の程度をはかるものです。なお、電気通信回線設備を行うには、工事担任者が実施または監督する必要があります。情報配線施工技能士を取得しても工事担任者資格がなければ、工事担任者の監督のもとでないかぎり工事を行うことはできません。

溶接

溶接とは、さまざまな金属の部品に熱や圧力を加えて接合する技術で、多くの金属製の機械や設備・建築物の製造に使われます。求められる強度で正確に接合するには、高い技術力が必要です。溶接に関する資格を紹介します。

溶接技能者

関連する業種	製造業、建設業
認定機関	日本溶接協会

溶接技能が一定レベル以上であることを認定する資格です。民間資格であるものの、構造物などの製作にあたって一定の資格保有者の存在が要求される重要な資格です。

日本溶接協会が、日本産業規格（JIS）、日本溶接協会規格（WES）などの検定試験規格に基づき全国で試験を行って認定します。

溶接技能者資格は、対象材料と溶接方法によって細い区分に分けられています。

次ページのような大きな区分があり、さらにそれぞれの区分について基本級と専門級、溶接姿勢、試験材料の種類・厚さ、溶接継手の区分、開先形状（つなぎ合わせる部分の形）、裏当て金などにより種類が異なります。

手溶接など

手溶接（アーク溶接、ガス溶接）、半自動溶接、ステンレス鋼溶接、チタン溶接、プラスチック溶接、銀ろう付の受験資格は、以下の通りです。

- 基本級　1か月以上溶接技術を習得した15歳以上の者。
- 専門級　3か月以上溶接技術を習得した15歳以上の者で、各専門級に対応する基本級の資格を所有する者。ただし、基本級の試験に合格することを前提として基本級の試験と専門級の試験を同時に受験することができる。

▼ 資格の名称と区分

資格の名称	対象材料	溶接方法
手溶接（アーク溶接）	炭素鋼	被覆アーク溶接
		ティグ溶接
		ティグ溶接と被覆アーク溶接との組合せ
手溶接（ガス溶接）	炭素鋼	ガス溶接
半自動溶接	炭素鋼	マグ溶接
		ティグ溶接とマグ溶接との組合せ
		セルフシールドアーク溶接
ステンレス鋼溶接	ステンレス鋼	被覆アーク溶接
		ティグ溶接
		ティグ溶接と被覆アーク溶接との組合せ
		ミグ溶接またはマグ溶接
チタン溶接	チタン・チタン合金	ティグ溶接
		ミグ溶接
プラスチック溶接	塩化ビニル・ポリエチレン・ポリプロピレン	ホットジェット溶接
銀ろう付	ステンレス鋼・炭素鋼・銅	トーチろう付
すみ肉溶接	炭素鋼	被覆アーク溶接
		マグ溶接
基礎杭溶接	炭素鋼管	被覆アーク溶接
		マグ溶接
		セルフシールドアーク溶接
石油工業溶接	高張力鋼・耐熱鋼・ステンレス鋼	被覆アーク溶接
		ティグ溶接
		ティグ溶接と被覆アーク溶接との組合せ

ただし、受験する溶接の種類によって、労働安全衛生法にもとづく「ガス溶接技能講習」「アーク溶接等の特別教育」修了等の条件があります。

また、銀ろう付の場合は基本級・専門級の別はなく、上記基本級と同様の受験資格が求められます。

すみ肉溶接、基礎杭溶接、石油工業溶接以外は、はじめて受験するときには学科試験があり、材質に関する一般知識や溶接施工、安全衛生などの知識を問われます。

実技試験は、該当するJIS規格に基づいて行われ、外観試験および曲げ試験（銀ろう付の場合は外観試験およびX線試験または気密試験）により評価されます。

すみ肉溶接、基礎杭溶接、石油工業溶接

すみ肉溶接、基礎杭溶接、石油工業溶接については、関連する他の種類の溶接技能資格が受験資格となります。また、学科試験はなく、実技試験のみとなります。

試験に合格後、認証手続きを行って適格性証明書を受領します。

資格には有効期限があり、1年ごとに業務従事証明書によって認証要求事項を継続的に満たしているか確認するサーベイランス手続きを行う必要があります。また、3年に1度、再評価試験を受験して合格することで、認証が継続されます。

溶接管理技術者（特別級・1級・2級）

関連する業種	製造業、溶接業
認定機関	日本溶接協会

溶接技術に関する専門的な知識を持ち、計画、実行、監督、試験など施工管理の知識と技能を有することを認定する資格です。工場認定あるいは官公庁による工事発注の条件として、認証者の存在や常駐が求められることも多い重要な資格です。

受験資格

溶接管理技術者の認証試験を受験するには学歴やすでに取得した認証によって、次の条件を満たす必要があります。

▼学歴と実務経験

学歴または認証	実務経験年数※2		
	特別級	1級	2級
理工系大学院修了、理工系大学卒業、工業高等学校専攻科卒業	3(1)※1 1年以上	2(1)年以上	1年以上
理工系以外の大学院修了または大学卒業	6年以上	4年以上	2年以上
理工系短期大学または工業高等専門学校卒業	6(5)年以上	4(3)年以上	1年以上
高等学校卒業後理工系各種専門学校卒業または工業高等学校卒業	—	7年以上	2年以上
工業高等学校以外の高等学校卒業	—	8年以上	4年以上
上記以外	—	—	7年以上
1級認証	3年以上	—	—
2級認証	—	3年以上	—

※1　() 内は、溶接専修とみなされる学校の場合。

※2　実務経験年数は、溶接技術に関連した業務に専従した場合とし、学校の卒業または資格の認証後の経験とする。

筆記試験と口述試験があり、1級と2級については、指定の研修会を受講し修了証書を得た場合は、通常口述試験は免除されます。ただし、筆記試験の結果だけでは適格性を評価できないと判断された場合には免除されないことがあります。

特別級には筆記試験Iと筆記試験IIがあり、筆記試験Iは1級の筆記試験にあたる内容です。1級認定保有者は、筆記試験Iは免除されます。

筆記試験IIは、「材料・溶接性」、「設計基礎」、「施工管理」（フレーム及びベッセル部門)、「溶接法・機器」の4分野から出題されます。筆記試験Iと筆記試験IIの4分野を合わせて5分野にすべて合格した場合に、口述試験を受けられます。筆記試験は単位制で、基準に達しなかった分野がある場合は、その分野のみ再試験を受けられます。再試験は、2年以内に2回まで受験できます。

口述試験に合格すると、特別級の認証を受けられます。

ガス溶接作業主任者

(➡ p.64 参照)

ガス溶接作業者

(➡ p.75 参照)

アーク溶接作業者

(➡ p.76 参照)

鋳造

鋳造とは、金属や砂で作った型に熱して溶かした金属を流し込んで固め、目的の形のものを作る方法です。複雑な形のものを低コストで大量に作ることができますが、失敗するとひび割れや空洞ができることなどがあり、品質の高い製品を作るには高度な技術が求められます。

鋳造技士

関連する業種	製造業、鋳造業
認定機関	日本鋳造協会

鋳造業務に関して高度な技術力とマネジメント能力を持つとして、日本鋳造協会が認定する資格です。

鋳造技士は、日本鋳造協会と日本鋳造工学会が連携して実施する鋳造カレッジにおいて、一定の条件を満たして修了すると認定されます。

鋳造カレッジは、鋳造業務に関して必要な技術を科学的・理論的に理解して、生産から製品出荷までの全プロセスを統括管理できる人材育成を目指しています。

鋳造カレッジの受講には、以下の実務経験と技術知識を満たしている必要があります。

実務経験

以下のいずれかを満たしていること。

- 鋳造関係業務の実務経験５年以上
- 大学の工学部・理工学部・理学部、または高等専門学校の機械・材料系を卒業、または大学院で鋳造を研究し、鋳造関係の実務経験３年以上

技術知識

次のいずれかを満たしていること。

・日本鋳造協会の「鋳造入門講座」、日本鋳造工学会の「技術講習会」、素形材センターの「鋳造技術研修講座」等の2日以上（講義、実習10時間以上）のシリーズ的鋳造関係の技術講座、または、各機関・団体の開催している11講座のいずれかを受講していること。
・鋳造関係の国家技能検定資格（2級、1級、特級）

鋳造カレッジは、約8か月約12日間に渡り、2時間×30コマの講義7時間×6日間のインターンシップを受講します。①鋳鉄コース、②銅合金コース、③軽合金コース、④鋳鋼コースの4つのコースがあり、18コマの共通科目と12コマの専門科目を学びます。また、インターンシップでは、実験室での実習、シミュレーション、事例研究などの演習、工場見学などを行います。

鋳造技士認定条件

以下の条件を満たして鋳造カレッジを修了した者。

・31コマの2/3以上の受講（工場見学も1コマとする）
・レポート30コマ提出、一定レベル以上
・インターンシップの受講

金属溶解技能士

（➡ p.44 参照）

鋳造技能士

（➡ p.44 参照）

ダイカスト技能士

（➡ p.49 参照）

3-2 安全衛生管理の資格（作業主任者と作業者）

機械や電気を扱う仕事は危険と隣り合わせで、安全に作業を行うためには知識と技術を身につけることが重要です。労働安全衛生法では、労働災害を防止するために、特定の作業を行うときには一定の知識・技術を持つ作業主任者を任命すること、また、作業を行う人（作業者）には特定の講習を受けさせることなどを定めています。

作業主任者 国家資格

関連法規	労働安全衛生法	認定機関	都道府県労働局 登録教育機関など

労働安全衛生法では、労働災害を防止するため管理を必要とする作業について、一定の知識・技能を持つ作業主任者の選任が義務づけられています。作業主任者は、作業の直接指揮、使用する機械等の点検、機械に異常を認めたときに必要な措置をとる、安全装置等の使用状況の監視などを行います。

作業主任者は誰でもなれるものではなく、指定された免許を持つ、技能講習修了などの条件が作業によって定められています。

作業主任者や作業者は厳密には資格ではありませんが、その仕事を行うために必要なものなので、作業主任者や作業者になるための条件（任用条件）は一種の資格として扱われています。

ここでは、機械・電気の作業に関する主な作業主任者を紹介します。

ガス溶接作業主任者

国家資格

関連する業種	基礎工事業、解体工事業
認定機関	都道府県安全衛生技術試験協会

アセチレン溶接装置またはガス集合溶接装置を使用する溶接作業についての作業主任者です。

ガス溶接作業主任者になるには、ガス溶接作業主任者免許試験に合格したうえで、実務経験などの証明書類を提出して免許の交付を受けなくてはなりません。

ガス溶接作業主任者免許試験は筆記試験のみで、実技試験はありません。受験資格は特にありませんが、経歴によって一部の科目が免除されます。試験問題数と試験時間は、全科目の受験者は20問3時間、科目免除者は10問1時間半です。

免許試験の科目

科目	問題数
ガス溶接等の業務に関する知識	5問
関係法令	5問
アセチレン溶接装置及びガス集合溶接装置に関する知識	5問（経歴によって免除）
アセチレンその他可燃性ガス、カーバイド及び酸素に関する知識	5問（経歴によって免除）

科目免除

一部科目を免除されるのは、次の条件を満たす者です。

- 大学、短期大学、高等専門学校において、溶接に関する学科を専攻して卒業。
- 次のいずれかで工学または化学に関する学科を専攻して卒業後、1年以上の実務経験。

　・大学、短期大学、高等専門学校卒業。

- ・大学改革支援・学位授与機構による学士の学位授与。
- ・省庁大学校を卒業。
- ・専修学校の専門課程の修了者などで、その後大学等において大学改革支援・学位授与機構により学士の学位を授与されるのに必要な所定の単位を修得。
- ・指定を受けた専修学校の専門課程（4年以上）を一定日以後に修了。

- 構造物鉄工科または配管科の職種に係わる職業訓練指導員免許を取得。
- 普通職業訓練（金属加工系溶接科）を修了後、2年以上の実務経験。
- 鉄工、建築板金、工場板金または配管の1級の技能検定に合格後、1年以上の実務経験。

免許の交付申請

ガス溶接作業主任者免許の交付を受けるには、試験に合格のほか、以下のうちいずれかの要件を満たす必要があります。

- ガス溶接技能講習を修了後、3年以上の実務経験。
- 大学または高等専門学校において溶接に関する学科を専攻して卒業。
- 大学または高等専門学校において工学または化学に関する学科を専攻して卒業後、1年以上の実務経験。
- 塑性加工科、構造物鉄工科または配管科の職種に係る職業訓練指導員免許者。
- 普通課程の普通職業訓練（金属加工系溶接科）、養成訓練（溶接科）を修了後、2年以上の実務経験。
- 鉄工、建築板金、工場板金または配管の1級または2級の技能検定に合格したのち、1年以上の実務経験。
- 旧保安技術職員国家試験規則による溶接係員試験に合格後、1年以上の実務経験。
- 専修訓練課程の普通職業訓練（溶接科）、専修訓練課程の養成訓

練（溶接科）を修了後、3年以上の実務経験。

- 養成訓練（金属成形科）を修了。
- 長期課程の指導員訓練を修了後、1年以上の実務経験。
- 防衛大学校を卒業後、1年以上の実務経験。

プレス機械作業主任者

国家資格

関連する業種	金属製造業、機械製造業
認定機関	都道府県労働基準協会連合会

動力により駆動されるプレス機械5台以上を保有する事業場において行うプレス機械による作業の主任者です。プレス機械作業主任者になるには、プレス機械作業主任者技能講習を受講し修了しなければなりません。プレス機械作業主任者技能講習を受講するには、満18歳以上で次のいずれかの条件を満たす必要があります。

- プレス機械による作業の実務経験5年以上。
- その他厚生労働大臣が定める者※。

※ 職業訓練校で普通職業訓練のうち金属加工系塑性加工科または金属加工系溶接科の訓練を修了し、かつ実務経験4年以上の者など。

講習科目等

講習科目	時間
作業に係る機械、その安全装置等の種類、構造及び機能に関する知識	6時間
作業に係る機械、その安全装置等の保守点検に関する知識	2時間
作業の方法に関する知識	5時間
関係法令	2時間
修了試験	1時間

全科目を修了し、修了試験に合格すると修了証が交付されます。

ボイラー取扱作業主任者

国家資格

関連する業種	製造業、ビルメンテナンス業
認定機関	日本ボイラ協会など

ボイラーの取扱作業主任者の任用資格は、以下のようにボイラーの種類と規模によって異なります。

ボイラー取扱作業に必要な資格

ボイラーの伝熱面積の合計			必要な資格
貫流ボイラー以外のボイラー(貫流ボイラーまたは廃熱ボイラーを混用する場合を含む)※1※2		貫流ボイラーのみの場合※2	
$500m^2$以上		―	特級ボイラー技士
$25m^2$以上$500m^2$未満		$250m^2$以上	一級ボイラー技士※3
$25m^2$未満		$250m^2$未満	二級ボイラー技士※4
小規模ボイラーのみを取り扱う場合	蒸気ボイラー（$3m^2$以下）、温水ボイラー（$14m^2$以下）、蒸気ボイラー（胴の内径750mm以下、かつ、胴の長さ1300mm以下）	$30m^2$以下（気水分離器を有するものでは、その内径が400mm以下で、かつ、その内容積が$0.4m^3$以下のものに限る）	ボイラー取扱技能講習修了者※5

※1　貫流ボイラーはその伝熱面積に1/10、廃熱ボイラーはその伝熱面積に1/2をかけたものを伝熱面積として換算する。
※2　小規模ボイラーは伝熱面積に算入しない。
※3　特級ボイラー技士でもよい。
※4　一級または特級ボイラー技士でもよい。
※5　特級～二級ボイラー技士でもよい。

ボイラー技士（→p.129）の資格を取らずにボイラー取扱作業主任者になれるのは、小規模ボイラーのみを取り扱う場合だけです。その場合でも、ボイラー取扱技能講習を受講し、修了しなくてはなりません。

ボイラー取扱技能講習は14時間の学科講習で、受講資格は特にありません。

第一種圧力容器取扱作業主任者

国家資格

関連する業種	製造業
認定機関	日本ボイラ協会

圧力容器には、内部で気体が発生する第一種と発生しない第二種があり、第一種圧力容器の取り扱い作業を行うには、第一種圧力容器取扱作業主任者を任命する必要があります。第一種圧力容器取扱作業主任者になるために必要な資格は、危険物製造などの化学設備に関するものと、それ以外のもので異なります。

必要な資格

	第一種圧力容器の種類	内容積	第一種圧力容器取扱作業主任者の資格
(I)化学設備に関する第一種圧力容器の取り扱い作業	加熱器	5m³超	化学設備関係第一種圧力容器取扱作業主任者技能講習修了者
	反応器 蒸発器 アキュムレータ	1m³超	
(II)化学設備に関する第一種圧力容器の取り扱い作業以外の第一種圧力容器の取り扱い作業	加熱器	5m³超	特級ボイラー技士、一級ボイラー技士、二級ボイラー技士、普通第一種圧力容器取扱作業主任者技能講習修了者、化学設備関係第一種圧力容器取扱作業主任者技能講習修了者
	反応器 蒸発器 アキュムレータ	1m³超	

化学設備関係の第一種圧力容器取扱作業主任者になるには、化学設備関係の第一種圧力容器取扱作業主任者技能講習を受講し、修了しなくてはなりません。化学設備関係以外は、ボイラー技士（→p.129）の資格または普通第一種圧力容器取扱作業主任者技能講習修了でも代えられます。

◉化学設備関係第一種圧力容器取扱作業技能講習

受講するには、化学設備の取扱い作業の実務経験5年以上が必要です。講習は21時間の学科講習です。修了試験があり、合格者に修了証が交付されます。

◉普通第一種圧力容器取扱作業主任者技能講習

受講資格は得にありません。講習は12時間の学科講習です。修了試験があり、合格者に修了証が交付されます。

特定第一種圧力容器取扱作業主任者

国家資格

関連する業種	製造業
認定機関	都道府県

電気事業法、高圧ガス保安法及びガス事業法の適用を受ける第一種圧力容器については前項の第一種圧力容器取扱作業主任者以外に、特定第一種圧力容器取扱作業主任者免許を受けた者(化学設備関係については、高圧ガス保安法及びガス事業法によるものに限る)から選任できます。

特定第一種圧力容器取扱作業主任者免許は、以下の資格を持つ者が都道府県労働局長に申請して交付を受ける必要があります。

法律	必要な資格
電気事業法	第一種または第二種ボイラー・タービン主任技術者（→p.138）（化学設備関係以外のみ）
高圧ガス保安法	高圧ガス製造保安責任者（→p.140)、高圧ガス販売主任者
ガス事業法	ガス主任技術者

エックス線作業主任者

国家資格

関連する業種	非破壊検査業
認定機関	安全衛生技術試験協会

エックス線装置（医療用または波高値による定格電圧が1000kV（キロボルト）以上の装置を除く）を用いる作業などを行う場合は、エック

ス線による障害防止のためにエックス線作業主任者を選任する必要があります。

エックス線作業主任者になるには、エックス線作業主任者免許試験に合格して免許の交付を受けなくてはなりません。免許試験の受験資格は特になく、以下の科目の筆記試験が実施されます。

免許試験の科目と出題数

科目	出題数（配点）
エックス線の管理に関する知識	10問（30点）
関係法令	10問（20点）
エックス線の測定に関する知識	10問（25点）
エックス線の生体に与える影響に関する知識	10問（25点）

なお、以下の条件を満たす場合は、一部の科目が免除されます。

- 第二種放射線取扱主任者免状※の交付を受けた者
  …エックス線の測定に関する知識、エックス線の生体に与える影響に関する知識を免除。
- ガンマ線透過写真撮影作業主任者免許試験に合格した者
  …エックス線の生体に与える影響に関する知識を免除。

※　旧第二種放射線取扱主任者免状（一般）を含む。

ガンマ線透過写真撮影作業主任者

国家資格

関連する業種	非破壊検査業
認定機関	安全衛生技術試験協会

ガンマ線照射装置を用いて行う透過写真の撮影の作業を行う場合は、ガンマ線による障害防止のためにガンマ線透過写真撮影作業主任者を選任する必要があります。

ガンマ線透過写真撮影作業主任者になるには、ガンマ線透過写真撮影作業主任者免許試験に合格して免許の交付を受けなくてはなりません。免許試験の受験資格は特になく、以下の筆記試験が実施されます。

試験科目と出題数

試験科目	出題数（配点）
ガンマ線による透過写真の撮影の作業に関する知識	10問（30点）
関係法令	10問（20点）
ガンマ線照射装置に関する知識	10問（25点）
ガンマ線の生体に与える影響に関する知識	10問（25点）

なお、以下の条件を満たした場合は、一部の科目が免除されます。

- 診療エックス線技師免許※を受けた者…ガンマ線の生体に与える影響に関する知識を免除。
- エックス線作業主任者免許試験に合格した者…ガンマ線の生体に与える影響に関する知識を免除。

※　行政事務の簡素合理化及び整理に関する法律（昭和58年法律第83号）による改正前の診療放射線技師及び診療エックス線技師法によるもの。

木材加工用機械作業主任者

国家資格

関連する業種	木材加工業
認定機関	都道府県労働基準協会連合会など

木材加工用機械（丸のこ盤、帯のこ盤、かんな盤、面取り盤及びルーターに限り、携帯用のものを除く）を5台以上（自動送材車式帯のこ盤が含まれている場合には3台以上）有する事業場において行う木材加工用機械作業を行う場合は、木材加工用機械作業主任者を選任する必要があります。

木材加工用機械作業主任者になるには、木材加工用機械作業主任者技能講習を修了しなくてはなりません。木材加工用機械作業主任者技能講習の受講資格は、次の通りです。

- 木材加工用機械による作業の実務経験３年以上。
- その他厚生労働大臣が定める者※。

※　職業訓練校で普通職業訓練のうち製材機械系製材機械整備科、建築施行系木造建築科、建築施工系枠組壁建築科、木材加工系木工科または木材加工系木型科の訓練を修了し、かつ実務経験２年以上など。

乾燥設備作業主任者

国家資格

関連する業種	製造業
認定機関	都道府県労働基準協会連合会など

乾燥設備を用いて作業を行うときに、作業を安全に行うための責任者です。

以下の設備を用いて乾燥作業を行う場合は、乾燥設備作業主任者を選任する必要があります。

1. 乾燥設備（熱源を用いて火薬類取締法に規定する火薬類以外の物を加熱乾燥する乾燥室および乾燥器）のうち、危険物等に係る設備で、内容積が$1m^3$以上のもの。
2. 乾燥設備のうち、1.の危険物等以外の物に係る設備で、熱源として燃料を使用するもの（その最大消費量が、固体燃料にあっては毎時10kg以上、液体燃料にあっては毎時10L以上、気体燃料にあっては毎時$1m^3$以上であるものに限る）または熱源として電力を使用するもの（定格消費電力が10kW以上のものに限る）。

乾燥設備作業主任者になるには、乾燥設備作業主任者技能講習を受講して修了しなくてはなりません。乾燥設備作業主任者技能講習の受講資格は、満18歳以上で次のいずれかに該当する者です。

- 乾燥設備の取扱い作業に関する５年以上の実務経験。
- 大学または高等専門学校において理科系統の正規の学科を専攻して卒業したのち、乾燥設備の設計・製作・検査または取扱いの作業に関する１年以上の実務経験。

- 高等学校または中等教育学校において理科系統の正規の学科を専攻して卒業したのち、乾燥設備の設計・製作・検査または取扱いの作業に関する２年以上の実務経験。
- その他厚生労働大臣が定める者。

乾燥設備作業主任者技能講習は1時間の修了試験を含む16時間の学科講習です。

特定化学物質及び四アルキル鉛等作業主任者

国家資格

関連する業種	化学薬品製造業、石油精製業
認定機関	都道府県労働基準協会連合会等など

一定の有害な化学物質や四アルキル鉛の含有物を製造し、または取扱う作業については、特定化学物質作業主任者または四アルキル鉛等作業主任者を選任し、安全に作業が行われるように、管理・指導を行わなくてはなりません。

特定化学物質作業主任者または四アルキル鉛等作業主任者になるには、特定化学物質及び四アルキル鉛等作業主任者技能講習を受講し修了する必要があります。

特定化学物質及び四アルキル鉛等作業主任者技能講習は1時間の修了試験を含む13時間の学科講習で、受講資格は特にありません。

なお、特別有機溶剤業務に係わる作業については、有機溶剤作業主任者技能講習を修了した者から作業主任者を選任する必要があります。

有機溶剤作業主任者

国家資格

関連する業種	化学薬品製造業、塗装業
認定機関	都道府県労働基準協会連合会など

屋内作業場、タンク等で指定された有機溶剤とその混合物で、指定された有機溶剤の含有量が5%を超えるものを取扱う作業における作業主任者です。

有機溶剤作業主任者になるには、有機溶剤作業主任者技能講習を受講して修了する必要があります。有機溶剤作業主任者技能講習は1時間の修了試験を含む13時間の学科講習で、受講資格は特にありません。

鉛作業主任者

国家資格

関連する業種	化学薬品製造業、塗装業
認定機関	都道府県労働基準協会連合会など

鉛業務（遠隔操作によって行う隔離室におけるものを除く）に係る作業についての作業主任者です。

鉛作業主任者になるには、鉛作業主任者技能講習を受講して修了する必要があります。鉛作業主任者技能講習は1時間の修了試験を含む11時間の学科講習で、受講資格は特にありません。

石綿作業主任者

国家資格

関連する業種	建設業、廃棄物処理業
認定機関	都道府県労働基準協会連合会など

石綿を扱う作業においては、石綿作業主任者を選任しなくてはなりません。

石綿作業主任者になるには、石綿作業主任者技能講習を受講して修了する必要があります。石綿作業主任者技能講習は、1時間の修了試験を含む11時間の学科講習で、受講資格は特にありません。

作業者 国家資格

関連法規	労働安全衛生法

労働安全衛生法では、危険または有害として法令で定められた業務を行う場合は、作業者に対して安全または衛生のための特別教育を行うことを義務づけています（第59条第3項）。

特別教育をいったん受講すると、転職した場合にも有効です。また、関連する作業の資格試験を受けるためには特別教育の受講が条件になる場合もあります。一種の資格とみなしてよいでしょう。

研削砥石取替試運転作業者 国家資格

関連する業種	金属製造業
認定機関	都道府県労働局長登録教習機関（都道府県労働基準協会連合会、各事業者など）

研削砥石の取替えまたは取替え時の試運転の業務を行う場合は、研削といしの取替え等（自由研削）の業務に係る特別教育を受講し、修了しておかなくてはなりません。

研削といしの取替え等（自由研削）の業務に係る特別教育は、4時間の学科講習と2時間の実技講習が行われます。受講資格は特にありません。

ガス溶接作業者 国家資格

関連する業種	金属製造業
認定機関	都道府県労働局長登録教習機関

可燃性ガスおよび酸素を使用した金属の溶接、溶断、加熱の作業を行うには、ガス溶接技能講習を修了しなくてはなりません。ガス溶接技能講習は、満18歳以上であれば誰でも受けられます。

教育科目

学科	ガス溶接等の業務のために使用する設備の構造及び取扱いの方法に関する知識	3時間
	ガス溶接等の業務のために使用する可燃性ガス及び酸素に関する知識	3時間
	関係法令	2時間
実技	ガス溶接等の業務のために使用する設備の取扱い	5時間

アーク溶接作業者

国家資格

関連する業種	板金工事業、金属製造業
認定機関	各事業所または 都道府県労働局長登録教習機関

アーク溶接機を用いて行う金属の溶接、溶断等の業務につくには、アーク溶接等の業務に係わる特別教育を受講しなくてはなりません。アーク溶接等の業務に係わる特別教育は、満18歳以上であれば誰でも受けられます。

教育科目

学科	アーク溶接等に関する知識	1時間
	アーク溶接装置に関する基礎知識	3時間
	アーク溶接等の作業方法に関する基礎知識	6時間
	関係法令	1時間
実技	アーク溶接装置の取扱い及びアーク溶接等の作業の方法	10時間

電気取扱者

国家資格

関連する業種	電気工事業
認定機関	各事業所または 都道府県労働局長登録教習機関

充電電路またはその支持物の敷設、点検、修理、操作、充電部分が露出した開閉器の操作を行う場合は、特別教育を受けなくてはなりません。電気取扱いに関する特別教育は、作業の内容によって2つに分けられます。

高圧・特別高圧

高圧もしくは特別高圧の充電電路もしくは当該充電電路の支持物の敷設、点検、修理もしくは操作の業務を行うためには、高圧・特別高圧電気取扱業務に係る特別教育を受けなくてはなりません。交流では600V（ボルト）を超え7000V以下、直流では750Vを超え7000V以下のものが高圧、交流、直流ともに7000Vを超えるものが特別高圧とされています。

高圧・特別高圧電気取扱業務に係る特別教育は、11時間の学科講習と15時間の実技講習（充電回路の操作業務のみを行う場合は1時間）により行われます。

低圧

低圧の充電電路もしくは当該充電電路の支持物の敷設、点検、修理もしくは操作の業務を行うためには、低圧の充電電路の敷設等の業務に係る特別教育を受けなくてはなりません。交流では600V以下、直流では750V以下のものが低圧とされています。

低圧の充電電路の敷設等の業務に係る特別教育は、7時間の学科講習と7時間以上の実技講習（開閉器の操作の業務のみを行う場合は1時間以上）が行われます。

酸素欠乏危険作業者	関連する業種	化学薬品製造業
国家資格	認定機関	各事業所または 都道府県労働局長登録教習機関

酸素欠乏危険場所における作業に係る業務を行う場合は、酸素欠乏危険作業特別教育を受講しなくてはなりません。酸素欠乏危険作業特別教育には1種と2種があり、1種は酸素欠乏症の危険がある場合、2種は酸素欠乏症に加えて硫化水素中毒の危険がある場合を含みます。そのため、2種は酸素欠乏・硫化水素中毒危険作業特別教育とも呼ばれていま

す。事業所外の講習は、実質的にはほぼ2種しか行われていないようです。

2種の酸素欠乏・硫化水素中毒危険作業特別教育は、5時間半の学科講習で、受講資格は特にありません。

特定粉じん作業者

国家資格

関連する業種	製造業、建設業
認定機関	各事業所など

土砂や鉱物などの粉じんに常時さらされる作業では、大量の粉じんを吸い込むことで、じん肺という重大な健康被害を起こす可能性があります。そのため、粉じんについて特に有害な作業環境だと指定された特定の粉じん作業に係る業務を行う場合は、粉じん作業特別教育を受講しなくてはなりません。

粉じん作業特別教育は4時間半の学科講習で、満18歳以上であれば、受講資格は特にありません。

プレス金型取替作業者

国家資格

関連する業種	金属製造業など
認定機関	各事業所、各都道府県労働局長登録教習機関など

動力プレスの金型、シャーの刃部またはプレスもしくはシャーの安全装置もしくは安全囲いの取付け、取り外しまたは調整の業務を行う場合は、プレス金型取替特別教育を受講しなくてはなりません。

プレス金型取替特別教育は、8時間の学科講習で、満18歳以上であれば、受講資格は特にありません。

ボイラー取扱者

国家資格

関連する業種	製造業、ビルメンテナンス業
認定機関	各事業者、日本ボイラ協会など

ボイラーを取扱う業務では、ボイラーの規模によってボイラー技士免許、ボイラー取扱技能講習修了、小型ボイラー取扱業務特別講習受講のいずれかを満たす必要があります。一般にボイラー取扱技能講習修了者と小型ボイラー取扱業務特別講習受講者を合わせてボイラー取扱者と呼んでいます。

ボイラーの規模による取扱いに必要な資格は次ページの表の通りです。なお、上位のボイラーの取扱資格があれば、下位のボイラーを取り扱うことができます。

小型ボイラー取扱業務特別教育は、学科7時間実技4時間以上の教育です。受講資格は特にありません。

ボイラー取扱技能講習は14時間の学科講習で、修了試験があります。受講資格は特にありません。

ボイラーの取扱いに必要な資格

		簡易ボイラー	
必要な資格		なし	
蒸気ボイラー	伝熱面積による区分	伝熱面積≦0.5m^{2}で最高使用圧力0.1MPa(メガヘクトパスカル)、または伝熱面積にかかわらず使用圧量0.3MPa≦で内容積≦0.0003m^{3}のもの	
	胴の径と長さによる区分	胴の径の長さ400mm≦で胴の内径≦200mmのもの※1	
	開放管またはゲージ圧力が0.05MPa以下で蒸気部にU形立管を取り付けたもの	伝熱面積≦2.0m^{2}のもの※1	
温水ボイラー		伝熱面積≦4.0m^{2}でゲージ圧力0.1MPaのもの	
貫流ボイラー		伝熱面積≦5m^{2}で最高使用圧力1.0MPaのもの※2※3、または管寄せおよび気水分離器のいずれも有せず内容積≦0.004m^{3}で使用する最高のゲージ圧力（Mpa）×（m^3）≦0.02のもの	

※1　ゲージ圧力0.1MPa以下で使用する場合に限る。

※2　管寄せの内径150mmを超える多管式のものを除く。

※3　気水分離器つきの場合D≦200かつV≦0.02に限る。

※4　気水分離器つきの場合D≦300かつV≦0.07に限る。

※5　気水分離器つきの場合D≦400かつV≦0.4に限る。

D：気水分離器の内径（mm）

V：気水分離器の内容積（m^3）

	小型ボイラー	小規模ボイラー	ボイラー
	小型ボイラー取扱業務特別教育受講	ボイラー取扱技能講習修了	ボイラー技士
	伝熱面積≦1.0m^2で最高使用圧力0.1MPaのもの	伝熱面積≦3.0m^2のもの	伝熱面積＞3.0m^2のもの
	胴の径の長さ600mm≦で胴の内径≦300mmのもの※1	胴の径の長さ1300mm≦で胴の内径≦750mmのもの	胴の径の長さ1300mm＞または胴の内径＞750mmのもの
	伝熱面積≦3.5m^2のもの※1	—	—
	伝熱面積≦8.0m^2でゲージ圧力0.1MPa、または伝熱面積≦2.0m^2でゲージ圧力0.2MPaのもの※2	伝熱面積≦14m^2のもの	伝熱面積＞14m^2のもの
	伝熱面積≦10m^2で最高使用圧力1.0MPaのもの※2※4	伝熱面積≦30m^2のもの※5	伝熱面積＞30m^2のもの

ボイラー溶接士（特別・普通）

（➡ p.134 参照）

ボイラー整備士

（➡ p.137 参照）

特殊化学設備取扱い作業者

国家資格

関連する業種	化学薬品製造業など
認定機関	都道府県労働基準協会連合会

化学設備のうち、発熱反応が行われる反応器など、爆発・火災等を起こすおそれのある設備（反応器・蒸留器など）の取扱い、整備、修理などの業務を行うためには、特殊化学設備取扱い作業者特別教育を受講する必要があります。

特別教育は、13時間の学科講習と15時間の実技教育で受講資格は特にありません。また、修理または整備の仕事のみを行う場合は、取扱いに関する科目を省略できます。

産業用ロボットへの教示等作業者

国家資格

関連する業種	製造業など
認定機関	各事業者、都道府県労働基準協会連合会など

産業用ロボットの教示等の作業を行う場合は、産業用ロボットへの教示等の業務に係る特別教育を受講し、修了しなくてはなりません。産業用ロボットへの教示等の業務に係る特別教育は、学科と実技を合わせて10時間以上で、受講資格は特にありません。

産業用ロボットの検査等の作業者

国家資格

関連する業種	製造業など
認定機関	各事業者、産業用ロボットメーカーなど

産業用ロボットの検査、修理もしくは調整等の作業を行う場合は、産業用ロボットの検査等の業務に係る特別教育を受講し、修了しなくてはなりません。産業用ロボットへの検査等の業務に係る特別教育は、学科と実技を合わせて13時間以上で、受講資格は特にありません。

エックス線等透過写真撮影者

国家資格

関連する業種	非破壊検査業など
認定機関	都道府県労働基準協会連合会など

エックス線装置またはガンマ線照射装置を用いて透過写真の撮影業務を行うには、透過写真撮影業務特別教育を受講しなくてはなりません。透過写真撮影業務特別教育は、6時間以上の学科講習で、受講資格は特にありません。

四アルキル鉛等取扱作業者

国家資格

関連する業種	石油精製業
認定機関	各事業者など

四アルキル鉛を取り扱う等の業務を行うには、四アルキル鉛等業務特別講習を受講しなければなりません。四アルキル鉛等業務特別講習は6時間以上の学科講習で、受講資格は特にありません。

3-3 電気設備と電子機器の資格

現在では、ほとんどの機械や設備は電気で動作し、電子機器で制御されています。何かの機械を作ろうと思えば、電気関係の知識は欠かせません。また、情報処理技術は、私たちの生活に欠かせないものにもなっています。いまやものづくりにはなくてはならない電気・電子関係の資格を紹介します。

電気設備・電気工事

電気工事に欠陥があると、ときには人の命に関わる事故や災害につながります。電気工事を行うには、十分な知識と技術が必要で、一定の資格を持った人が工事を行うように、法律で定められています。

資格の範囲を理解するために、電気工事に関する用語を説明しておきましょう。

電気を供給するためのあらゆる設備を「電気工作物」と呼びます。電気工作物の種類や規模によって、工事や保安に必要な資格が異なります。

電気工作物には、発電、変電、送電など電気を供給するための設備と、電気を受け取って使用するための設備があります。電気を使用するための設備を「需要設備」と呼びます。

電気工作物は、受電時の電圧と用途によって次ページのように分けられます。

▼ 電気工作物の種類

一般電気工作物	電気事業者から600V(ボルト)以下の電圧で受電する需要設備と、小出力※で構外に配電線路を持たない発電設備。一般住宅や小規模店舗など。
事業用電気工作物	一般電気工作物以外の設備。
自家用電気工作物	事業用電気工作物のうち、電気事業に用いる以外の設備。工場やビルなどで600Vを越える電圧で受電する需要設備や、小出力ではない発電設備。

※ 小出力発電設備とは、出力 50kW(キロワット)未満の太陽電池発電設備、出力 20kW 未満の風力発電設備、出力 20kW 未満の水力発電設備（ダムを伴うものを除く)、出力 10kW 未満の内燃力を原動力とする火力発電設備、出力 10kW 未満の燃料電池発電設備（固体高分子形のものであって、最高使用圧力 0.1MPa(メガパスカル)未満のものに限る）のこと。

電気工事関係の資格には、電気工事士など電気工事に従事するための資格と、電気主任技術者など電気工作物の保安を監督するための資格があります。どちらも対象となる工作物の種類や電圧によって、資格が分かれています。

▼ 電気工事士の区分

区分	対象範囲
第一種電気工事士	一般工作物と自家用電気工作物のうち最大500kW（キロワット）未満の需要設備
第二種電気工事士	一般電気工作物
特殊電気工事資格者	特殊な電気工作物（ネオン、非常用予備発電装置など）
認定電気工事従事者	電圧600V（ボルト）以下の自家用電気工作物（最大500kW未満の需要設備）で、電線路を除く

▼ 電気主任技術者の区分

区分	対象範囲
第一種電気主任技術者	すべての事業用電気工作物
第二種電気主任技術者	電圧17万V（ボルト）未満の事業用電気工作物
第三種電気主任技術者	電圧5万V未満の事業用電気工作物（出力5千kW以上の発電所を除く）

第一種 電気工事士

国家資格

関連する業種	電気工事業、製造業、建設業
関連法規	電気工事士法
認定機関	電気技術者試験センター

一般電気工作物と、自家用電気工作物のうち最大500kW(キロワット)未満の需要設備の工事を実施するために必要な資格です。

第一種電気工事士になるには、第一種電気工事士試験を受験して合格し、第一種電気工事士免状の交付を受ける必要があります。第一種電気工事士試験には筆記試験と技能試験があり、同じ年度の筆記試験合格者または筆記試験免除者だけが技能試験を受験できます。

以下のうちどれかに該当する者は、筆記試験を免除されます。

- 前年度の筆記試験合格者。
- 第一種、第二種または第三種電気主任技術者。
- 旧電気事業主任技術者。

第一種電気工事士試験には受験資格はありませんが、第一種電気工事士免状の交付を受けるには、次の実務経験が必要です。

学歴	実務経験
大学、高等専門学校において電気工事士法で定める課程を修めて卒業	3年
上記以外	5年

なお、第一種電気工事士試験に合格すると、実務経験が足りない場合でも、認定電気工事従事者の資格を得ることができます。

第二種電気工事士

国家資格

関連する業種	電気工事業、製造業、建設業
関連法規	電気工事士法
認定機関	電気技術者試験センター

一般電気工作物の工事をするために必要な資格です。

第二種電気工事士になるには、第二種電気工事士試験を受験して合格するか、または経済産業大臣が指定する養成施設（専門学校、専修学校、職業訓練校など）を修了後、第二種電気工事士免状の交付を受ける必要があります。以前は養成施設として工業高等学校などが指定されていましたが、現在は高等学校は指定されていません。

第二種電気工事士試験には筆記試験と技能試験があり、同じ年度の筆記試験合格者または筆記試験免除者だけが技能試験を受験できます。

以下のうちどれかに該当する者は、筆記試験を免除されます。

- 前年度の筆記試験合格者。
- 高等学校、高等専門学校、大学等において経済産業省令で定める電気工学の課程を修めて卒業した者。
- 旧電気事業主任技術者など。

特殊電気工事資格者

国家資格

関連する業種	電気工事業
関連法規	電気工事士法
認定機関	電気工事技術講習センター、日本サイン協会、日本内燃力発電設備協会

特殊な電気工作物の工事を行うために必要な資格です。ネオン工事を行うための「特種電気工事資格者（ネオン工事）」と非常用発電装置工事を行うための「特種電気工事資格者（非常用予備発電装置工事）」があります。

特種電気工事資格者（ネオン工事）

実務経験がある人が講習を受ける方法と、試験に合格する方法があります。

電気工事士免状の交付を受け、ネオンに関する工事の5年以上の実務経験があり、指定機関によるネオン工事資格者認定講習を受講すると、特種電気工事資格者（ネオン工事）認定証の交付を受けられます。

日本サイン協会が実施するネオン工事技術者試験に合格し、ネオン工事技術者証の交付を受けると、申請により特種電気工事資格者（ネオン工事）認定証の交付を受けられます。

ネオン工事技術者試験は、電気工事士でなければ受験できません。筆記試験と技能試験があり、どちらか一方に合格した場合は、翌年と翌々年は合格したほうの試験は免除されます。

特種電気工事資格者（非常用予備発電装置工事）

実務経験がある人が講習を受ける方法と、試験に合格する方法があります。

電気工事士免状の交付を受け、非常用予備発電装置に関する工事の5年以上の実務経験があり、指定機関による非常用予備発電装置工事資格者認定講習を受講すると、特種電気工事資格者（非常用予備発電装置）認定証の交付を受けられます。

日本内燃力発電設備協会が実施する自家用発電設備専門技術者試験（据付工事部門）に合格し、非常用予備発電装置工事資格者認定証の交付を受けると、申請により特種電気工事資格者（非常用予備発電装置）認定証の交付を受けられます。

自家用発電設備専門技術者試験（据付工事部門）を受験するには、学歴や保有資格によって実務経験が必要です。

学歴や保有資格	実務経験
大学、短期大学、高等専門学校の機械工学系または電気工学系卒業	3年
電気主任技術者、ボイラー・タービン主任技術者、技術士（機械または電気・電子）	1年
上記以外	5年

自家用発電設備専門技術者試験は2日間の日程で行われ、1日目と2日目午前中に講習、午後に試験があります。すべての講習を受けなければ、2日目の試験を受けることはできません。

認定電気工事従事者

国家資格

関連する業種	電気工事業
関連法規	電気工事士法
認定機関	電気工事技術講習センター

第一種電気工事士でなくても簡易電気工事に従事できるようになる資格です。

簡易電気工事とは、電圧600V(ボルト)以下で使用する自家用電気工作物（最大電力500kW(キロワット)未満の需要設備）で、電線路を除くものです。電圧600V以下で使用する自家用電気工作物の工事を行うには、原則として第一種電気工事士の資格が必要ですが、認定電気工事従事者であれば、限定的に工事を行うことができます。

認定電気工事従事者になるには、以下のような方法を経て、認定証の交付を受ける必要があります。

- 第一種電気工事士試験に合格する。
- 第二種電気工事士になったのち、3年以上の実務経験を得る。
- 第二種電気工事士になったのち、認定電気工事従事者認定講習を受講して修了する。
- 電気主任技術者になったのち、3年以上の実務経験を得る。
- 電気主任技術者になったのち、認定電気工事従事者認定講習を受講して修了する。

認定電気工事従事者認定講習を受講するには、受講前日までに第二種電気工事士または電気主任技術者免状の交付を受ける必要があります。

第一種電気主任技術者

国家資格

関連する業種	電気工事業、製造業
関連法規	電気事業法
認定機関	電気技術者試験センター

すべての事業用電気工作物の工事、保守、運用など保安の監督者として選任されるために必要な資格です。

第一種電気主任技術者になるには、第一種電気主任技術者試験に合格して、経済産業大臣から免状の交付を受けなくてはなりません。

第一種電気主任技術者試験には1次試験と2次試験があり、1次試験に合格しなければ2次試験を受けることはできません。

1次試験は「理論」「電力」「機械」「法規」の4科目あり、科目ごとに合否判定が行われます。一部の科目だけ合格した場合は、翌年と翌々年の試験ではその科目は免除されるため、3年のうちにすべての科目に合格すれば、1次試験合格となります。なお、1次試験に合格して2次試験に不合格となった場合は、翌年度の1次試験は免除されます。

2次試験は「電力・管理」「機械・制御」の2科目で、科目別合格の制度はありません。

第二種電気主任技術者

国家資格

関連する業種	電気工事業、製造業
関連法規	電気事業法
認定機関	電気技術者試験センター

電圧17万V(ボルト)未満の事業用電気工作物の工事、保守、運用など保安の監督者として選任されるために必要な資格です。

第二種電気主任技術者になるには、第二種電気主任技術者試験に合格して、経済産業大臣から免状の交付を受けなくてはなりません。

第二種電気主任技術者試験には1次試験と2次試験があり、1次試験に合格しなければ2次試験を受けることはできません。

1次試験は「理論」「電力」「機械」「法規」の4科目あり、科目ごとに合否判定が行われます。一部の科目だけ合格した場合は、翌年と翌々年の試験ではその科目は免除されるため、3年のうちにすべての科目に合格すれば、1次試験合格となります。なお、1次試験に合格して2次試験に不合格となった場合は、翌年度の1次試験は免除されます。

2次試験は「電力・管理」「機械・制御」の2科目で、科目別合格の制度はありません。

第三種電気主任技術者

国家資格

関連する業種	電気工事業、製造業
関連法規	電気事業法
認定機関	電気技術者試験センター

電圧5万V(ボルト)未満の事業用電気工作物（出力5千kW(キロワット)以上の発電所を除く）の工事、保守、運用など保安の監督者として選任されるために必要な資格です。

第三種電気主任技術者になるには、第三種電気主任技術者試験に合格して、経済産業大臣から免状の交付を受けなくてはなりません。

第三種電気主任技術者試験には「理論」「電力」「機械」「法規」の4科目あり、科目ごとに合否判定行われます。一部の科目だけ合格した場合は、翌年と翌々年の試験ではその科目は免除されるため、3年のうちにすべての科目に合格すれば、資格を取得できます。

工事担任者

国家資格

関連する業種	電気通信工事業、電子通信業、電気工事業
関連法規	電気通信事業法
認定機関	電気通信国家試験センター（日本データ通信協会）

電気通信回線と端末設備などを接続するために必要な資格です。住宅、オフィス、工場などの建造物では、電話、インターネット、社内ネットワークなど、さまざまな通信ネットワークが利用されています。電気通

信事業者の光ファイバー回線を住宅や工場に引き込んだり、構内ネットワークを設置したりする工事は、工事担任者の有資格者が行うか、工事を実地に監督しなければなりません。

工事担任者には、アナログ伝送路設備に関するAI第一種～第三種、デジタル伝送路設備に関するDD第一種～第三種、両方に関するAI・DD総合種があり、資格の種類によって工事可能な範囲が異なります。

工事担任者となるには、電気通信国家試験センターが実施する工事担任者試験に合格するか、養成課程を修了する必要があります。

資格区分	工事範囲
AI第一種	アナログ回線およびISDN回線に端末設備等を接続するための工事すべて。
AI第二種	50回線（内線200回線）以下のアナログ回線および64kbps換算で50回線以下のISDN回線に端末設備等を接続するための工事。
AI第三種	1回線のアナログ回線および基本インターフェースが1回線のISDN回線に端末設備等を接続するための工事。
DD第一種	デジタル回線（ただしISDN回線を除く）に端末設備等を接続するための工事（以下、DD種の工事）すべて。
DD第二種	DD種の工事のうち、100Mbps以下（ただしインターネット接続工事の場合は1Gbps以下）の工事。
DD第三種	DD種の工事のうち、1Gbps以下のインターネット接続工事。
AI・DD総合種	アナログ回線およびデジタル回線に端末設備等を接続するための工事すべて。

工事担任者試験

工事担任者試験の科目は、「電気通信技術の基礎」「端末設備の接続のための技術及び理論」「端末設備の接続に関する法規」の3科目です。判定は科目ごとに行われ、科目合格の有効期限は3年間です。つまり、3年以内にすべての科目に合格した場合に合格となります。

なお、他の資格や学歴等により、一部の科目が免除されます。

工事担任者養成課程

総務大臣が認定した講習を受講し修了後、資格証の交付を受けると工事担任者として認められます。養成課程は、一部の高等学校や専門学校、大学などで実施されています。

電気工事施工管理技士（1級・2級）

国家資格

関連する業種	電気工事業
関連法規	建設業法
認定機関	建設業振興基金

電気工事の施工管理（現場監督）を行うための技術力が一定のレベルにあることを認定する資格です。建設業法で設置が義務づけられている監理技術者などの選定要件となるため、実際に工事を行う企業では評価されます。建設業法の改正により、2021年度より電気工事施工管理技士の試験制度や資格の内容が一部変わります。ここでは新制度について説明します。

電気工事施工管理技士には1級と2級があり、資格を得るには電気施工管理技術検定試験に合格しなくてはなりません。検定試験は第一次検定と第二次検定があり、第一次検定に合格すると、電気工事施工管理技士補の資格が与えられます。

2級は17歳以上であれば、誰でも第一次検定のみの受験が可能ですが、第二次検定は一定の学歴や実務経験を満たさないと受けられません。1級は、2級第二次検定に合格すれば誰でも第一次検定を受験できますが、第二次検定を受検するには一定の学歴や実務経験を満たす必要があります。

なお、第一次検定に一度合格すると、次回から第一次検定は免除され、第二次検定から受けられます。

検定試験の受験要件

検定試験を受験するための条件は、次の通りです。

1級電気工事施工管理技士

▼ 第一次検定

学歴※1	要件
大学	実務経験3年以上※3
短期大学※2、高等専門学校	実務経験5年以上※3
その他（最終学歴を問わず）	2級第二次検定合格

※1　在学中に指定学科を修了する場合。
※2　専門職大学の前期課程修了を含む。
※3　実務経験は、1年以上の指導監督的実務経験を含むこと。

▼ 第二次検定

受験資格	要件
所定の学歴と実務経験を満たして受験	第一次検定合格
2級第二次検定合格	第一次検定合格＋実務経験5年以上※4
その他（最終学歴を問わず）	2級第二次検定合格

※4　実務経験は、1年以上の指導監督的実務経験を含むこと。

2級電気工事施工管理技士

▼ 第一次検定

17歳以上。

▼ 第二次検定

学歴※5	要件
高等学校、中学校	実務経験3年以上
その他（最終学歴を問わず）	実務経験8年以上

※5　在学中に指定学科を修了する場合。

なお、「国土交通大臣が同等以上の知識があると認定した者」も受験資格が与えられるため、第一種電気工事士などの資格があれば、上記条件に満たなくても受験できる可能性があります。詳しくは試験実施機関に確認してください。

電気通信工事施工管理技士（1級・2級）

国家資格

関連する業種	電気通信工事業
関連法規	建設業法
認定機関	全国建設研修センター

インターネット通信設備など、電気通信工事の施工管理（現場監督）を行うための技術力が一定のレベルにあることを認定する資格です。2019年に新設されました。建設業法で設置が義務づけられている監理技術者などの選定要件となるため、実際に工事を行う企業では評価されます。

建設業法の改正により、2021年度より電気通信工事施工管理技士の試験制度や資格の内容が一部変わります。ここでは新制度について説明します。

電気通信工事施工管理技士には1級と2級があり、資格を得るには電気通信施工管理技術検定試験に合格しなくてはなりません。検定試験は第一次検定と第二次検定があり、第一次検定に合格すると、電気通信工事施工管理技士補の資格が与えられます。

2級は17歳以上であれば、誰でも第一次検定のみの受験が可能ですが、第二次検定は一定の学歴や実務経験を満たさないと受けられません。1級は、2級第二次検定に合格すれば誰でも第一次検定を受験できますが、第二次検定を受検するには一定の学歴や実務経験を満たす必要があります。

なお、第一次検定に一度合格すると、次回から第一次検定は免除され、第二次検定から受けられます。

検定試験の受験要件

検定試験を受験するための条件は、次ページの通りです。

なお、「国土交通大臣が同等以上の知識があると認定した者」も受験資格が与えられるため、電気通信主任技術者などの資格があれば、上記条件に満たなくても受験できる可能性があります。詳しくは試験実施機関に確認してください。

1級電気通信工事施工管理技士

▼ 第一次検定

学歴※1	要件
大学	実務経験3年以上※3
短期大学※2、高等専門学校	実務経験5年以上※3
その他（最終学歴を問わず）	2級第二次検定合格

※1　在学中に指定学科を修了する場合。
※2　専門職大学の前期課程修了を含む。
※3　実務経験は、1年以上の指導監督的実務経験を含むこと。

▼ 第二次検定

受験資格	要件
所定の学歴と実務経験を満たして受験	第一次検定合格
2級第二次検定合格	第一次検定合格＋実務経験5年以上※4

※4　実務経験は、1年以上の指導監督的実務経験を含むこと。

電気設備・電気工事

2級電気通信工事施工管理技士

▼ 第一次検定

17歳以上。

▼ 第二次検定

学歴※5	要件
高等学校、中学校	実務経験3年以上
その他（最終学歴を問わず）	実務経験8年以上

※5　在学中に指定学科を修了する場合。

電気通信主任技術者

国家資格

関連する業種	電気通信事業
関連法規	電気通信事業法
認定機関	日本データ通信協会

電気通信事業者は、事業用電気通信設備の工事、維持および運用の監督にあたる電気通信主任技術者を事業場ごとに選任しなくてはなりません。電気通信主任技術者は、原則として電気通信主任技術者資格者証の交付を受けた者から選任する必要があります。

電気通信主任技術者資格者証を得るには、電気通信主任技術者試験に合格しなくてはなりません。資格者証には2種類あり、試験も一部異なります。

資格者証

種類	監督範囲
伝送交換主任技術者資格者証	電気通信事業の用に供する伝送交換設備およびこれに附属する設備の工事、維持および運用
線路主任技術者資格者証	電気通信事業の用に供する線路設備およびこれらに附属する設備の工事、維持および運用

電気通信主任技術者試験の科目は次ページの通りです。

試験科目と内容

試験科目	内容
電気通信システム	電気通信工学の基礎、電気通信システムの大要
専門的能力	・伝送交換主任技術者 伝送、無線、交換、データ通信および通信電力のうちいずれか一分野に関する専門的能力 ・線路主任技術者 通信線路、通信土木および水底線路のうちいずれか一分野に関する専門的能力 電気通信事業の用に供する線路設備およびこれらに附属する設備の工事、維持及び運用
伝送交換設備及び設備管理（伝送交換主任技術者のみ）	伝送交換設備の概要、セキュリティ管理・対策、ソフトウェア管理
線路設備及び設備管理（線路主任技術者のみ）	線路設備の概要、線路設備の設備管理、セキュリティ管理・対策
法規	・電気通信事業法およびこれに基づく命令 ・有線電気通信法およびこれに基づく命令 ・電波法およびこれに基づく命令 ・サイバーセキュリティ基本法 ・不正アクセス行為の禁止等に関する法律およびこれに基づく命令 ・電子署名及び認証業務に関する法律およびこれに基づく命令 ・国際電気通信連合憲章および国際電気通信連合条約の大要 ・その他関連する法令など

なお、他の資格や学歴等により、一部の科目が免除されます。

電子回路接続技能士
（➡ p.50 参照）

電子機器組立て技能士
（➡ p.50 参照）

電気機器組立て技能士
（➡ p.50 参照）

半導体製品製造技能士
（➡ p.51 参照）

プリント配線板製造技能士
（➡ p.51 参照）

電気製図技能士
（➡ p.54 参照）

情報配線施工技能士
（➡ p.55 参照）

電気取扱者
（➡ p.76 参照）

情報処理（IT）

情報処理技術者試験 国家資格		
	関連する業種	一般企業、IT 企業、製造業
	関連法規	情報処理の促進に関する法律
	認定機関	情報処理推進機構

情報処理技術者試験は、情報処理（IT）の利用者や技術者としての知識と技能が一定以上の水準であることを認定する資格です。特定の製品やソフトウェアに関するものではなく、ITの基本となる広範囲な知識と技能について、総合的に評価されます。

情報処理技術者試験はいくつもの区分に分かれていて、それぞれのレベルや分野の知識・技能があることを判定します。2020年現在、以下の区分があります。

試験区分

▼ IT 利用者対象

ITパスポート試験（IP）	仕事につく人が情報技術を活用するために備えておくべき基礎的な知識を判定。
情報セキュリティマネジメント試験（SG）	情報システムの利用部門において、情報技術を安全に活用する管理職としての知識を判定。

▼ IT 技術者対象

基本情報技術者試験（FE）	IT技術者として基本的な知識・技能を判定。
応用情報技術者試験（AP）	IT技術者として、技術から管理経営までの幅広い知識と応用力を判定。

▼IT技術者対象・高度試験

ITストラテジスト試験（ST）	経営者としてITを経営戦略に活用する知識・技能を判定。
システムアーキテクト試験（SA）	情報システムのグランドデザインを作り上げる上級エンジニアとして必要な知識・技能を判定。
プロジェクトマネージャ試験（PM）	システム開発プロジェクトのリーダーとして必要なITの知識・技能を判定。
ITサービスマネージャ試験（SM）	ITサービスの計画から設計、移行、提供などを管理するために必要な知識・技能を判定。
システム監査技術者試験（AU）	情報システムを分析し、評価するために必要な知識・技能を判定。
ネットワークスペシャリスト試験（NM）	ネットワークシステムを構築・運用する技術者として必要な知識・技能を判定。
データベーススペシャリスト試験（DB）	データベースシステムを構築・管理する技術者として必要な知識・技能を判定。
エンベデッドシステムスペシャリスト試験（ES）	ハードウェアとソフトウェアを組み合わせた組み込みシステムの構築をする技術者として必要な知識・技能を判定。

電気・機械の技術者であれば、基本情報技術者試験に合格すれば一定の知識と技能を持つと評価されます。

それぞれの試験には、受験資格は特にありません。受験して合格することで、合格者として評価されます。

ITパスポート試験は半日、情報セキュリティマネジメント試験と基本情報技術者試験は午前と午後に分かれ、選択式の筆記試験です。応用情報技術者試験は午前は選択式、午後は記述式です。高度試験は、午前I、午前II、午後I、午後IIに分かれ、午前I、IIは選択式、午後Iは記述式で、午後IIはST、SA、PM、SM、AUは論述式、NM、DB、ESは記述式です。

高度試験の午前I試験については、応用情報技術者試験、いずれかの高度試験、情報処理安全確保支援士試験に合格するか、いずれかの高度試験または情報処理安全確保支援士試験の午前I試験で基準点以上の成績を得た場合は免除されます。

情報処理安全確保支援士

国家資格

関連する業種	一般企業、IT 企業
関連法規	情報処理の促進に関する法律
認定機関	情報処理推進機構

情報処理安全確保支援士は、企業や組織における安全な情報システムの計画、設計、開発、運用を支援し、サイバーセキュリティ対策を調査・分析して必要な指導や助言を行う知識と技能を持つ者として認定される資格です。サイバーセキュリティ対策の重要性が求められる中、2016年に情報処理の促進に関する法律が改正され、新たな国家資格として誕生しました。

情報処理安全確保支援士になるには、情報処理安全確保支援士試験に合格したのち、登録手続きを行う必要があります。登録の有効期限は3年で、3年ごとに更新しなくてはなりません。登録更新申請を行うためには、1～3年目に義務づけられた講習をすべて受講し修了する必要があります。

情報処理安全確保支援士試験は、午前I、午前II、午後I、午後IIに分かれ、午前I、IIは選択式、午後I、午後IIは記述式です。

午前I試験については、情報処理技術者試験の応用情報技術者試験、高度試験のいずれかに合格するか、または情報処理安全確保支援士試験または情報処理技術者試験の高度試験のいずれかで午前I試験で基準点以上の成績を得た場合は免除されます。

ETEC組込みソフトウェア技術者試験

関連する業種	情報処理産業、製造業
認定機関	組込みシステム技術協会(JASA)

携帯電話や家電製品などコンピュータを組み込んだ機器を制御する組み込みソフトウェアの技術者として、どの程度の知識と技能があるかを判定する試験です。合否判定はせず、グレードと分野ごとの正答率で評価します。

クラス1とクラス2の2種類があり、クラス1は中級技術者としての知識や能力、クラス2はエントリレベルの技術者として、上級者の指導のもとにプログラミング作業を行うために必要な知識を判定します。

試験は試験会場でのCBT方式で行われ、クラス1、2ともに試験時間は90分、出題数は120問です。

ディジタル技術検定

関連する業種	情報処理産業、製造業
認定機関	国際文化カレッジ

コンピュータのハードウェアとソフトウェアについて幅広い知識と操作能力を認定する検定試験です。民間資格ですが、文部科学省後援としてある程度広く認められています。

1級から4級まであり、1級と2級は情報部門と制御部門に分かれています。1級は実務能力のある技術者として高度な技術的知識、2級はやや高度な技術的知識、3級は基礎的な知識、4級は初歩的な知識を問われます。

級によっては、ものづくりに必要なIT知識が一定以上ある技術者として製造業などで評価されます。知識を身につけるための目標として取得を目指すのもよいでしょう。

試験は2級から4級まではすべてマークシートによる多肢選択式ですが、1級は記述式の筆記試験を含みます。

その他

E検定 ～電気・電子系技術検定試験～	関連する業種	エレクトロニクス産業
	認定機関	電気・電子系技術者育成協議会

若手から中堅の電気・電子系技術者を対象に、エレクトロニクスの幅広い知識と技術を判定する資格です。単なる合否ではなく、どの分野の技術力がどのくらいのレベルかを判定します。

以下のような3つのレベルと9つの分野があり、試験は3種類あります。

レベル

分類	必要とされる知識
レベル1	知識を有するレベル（基本用語と概念の理解）
レベル2	知識を応用できるレベル（概念の応用力）
レベル3	問題を解決できるレベル（設計能力およびトラブル発生時の現象の理解と対策）

分野

電子回路、デジタル、電気回路、電磁気、半導体、実装、信頼性設計、計測、コンピュータ

試験の種類

種類	出題
全分野試験	9分野すべてのレベル1～3の問題を出題
基本分野試験	電子回路・デジタル・電気回路の3分野からレベル1～3の問題を出題
レベル1 エントリー試験	9分野すべてのレベル1の問題を出題

試験結果は、次の基準で判定されます。

▼ 試験概要

試験区分	全分野試験	基本分野試験	レベル1試験
試験時間	180分	120分	60分
出題数	100問	64問	32問
試験形式	マークシート方式	マークシート方式	CBT方式※
認定	点数によって以下の称号を認定 エバンジェリスト(65点以上) シニアエキスパート(55～64点) エキスパート(45～54点)	点数によって以下の称号を認定 特級(50点以上) 上級(40～49点) 中級(30～39点)	正答率70%で合格証書を発行

※ コンピュータ上で表示された問題に解答していく試験方式。

全分野試験と基本分野試験は試験結果に応じて称号が授与され、成績表で自分の分野別成績を確認できます。レベル1エントリー試験はCBT方式で行われ、受験後すぐにスコアレポートが交付されます。

CCNA（シスコ技術者認定アソシエイト）

関連する業種	ネットワーク関連産業
認定機関	シスコシステムズ合同会社

ネットワーク機器では世界で圧倒的なシェアを持つシスコシステムズ社が実施する、ネットワーク技術者の技能認定試験です。シスコ社の技能認定資格は5段階あり、CCNAはやさしいほうから2段階目にあたります。

民間企業の自社製品を使った比較的入門レベルの資格ですが、基本的なネットワーク技術をもとにしているため、ネットワーク技術者として一定レベルの知識があることを証明する資格として使われることがよくあります。

CCNAとして認定されるには、対応する試験を受験し合格しなくてはなりません。試験はCBT方式で、選択式の問題と記述式の問題があります。受験資格は特にありません。

家電製品エンジニア

関連する業種	家電修理業、家電販売業
認定機関	家電製品協会

家電の設置、セットアップ、故障などトラブルに対応する技術者としての知識があることを認定する資格です。AV情報家電と生活家電の2種類あり、両方を取得すると総合エンジニアとして認められます。

家電製品エンジニアの資格を取得するには、AV情報家電、生活家電のそれぞれの試験を受験し、合格しなくてはなりません。試験科目はどちらも基礎技術と応用技術の2科目で、基礎技術は理論や動作原理に関する知識、応用技術は実践的な知識とソリューション能力が問われます。どちらか一方の科目のみ合格基準に達した場合は、その後2回（1年以内）は合格基準に達した科目の受験は免除されます。試験は試験会場にてCBT方式で行われます。

得点率がおおむね60％以上で合格となり、得点率85％以上の場合はゴールドグレード、AV情報家電と生活家電の両方がゴールドグレードの場合は、プラチナグレードとして認定されます。

3-4 機械設計と製図の資格

機械や電気製品を設計し実際に製造するには、物理、数学、化学、電気などの幅広い知識と技能が必要です。また、アイデアを製品にするためには、設計図をかいて細かい仕様を定め、他の人にもわかる形にしなくてはなりません。エンジニアとしての総合的な技術力、機械設計、製図に関する資格を紹介します。

エンジニア

プロのエンジニアとして、機械設計から製造管理まで、必要な知識と技能を評価する資格があります。日本では資格がなければ技術者として仕事ができないわけではありませんが、目標にすることで知識や技能を高めたり、自分の技能が一定レベルであることをほかの人に示したりするために取得するのもよいでしょう。

プロフェッショナル・エンジニア(P.E.)試験

関連する業種	製造業
認定機関	日本PE･FE試験協議会

プロフェッショナル・エンジニア（P.E.）は米国でエンジニアとして一定の技術力を持つことを公的に認定する制度ですが、日本で受験して認定を受けられます。米国の試験とまったく同じもので、すべて英語で受験する必要がありますが、P.E.として登録すれば、一定の技術力と英語力があることを国際的に証明できます。

1次試験にあたるファンダメンタルズ・オブ・エンジニアリング（F.E.）試験に合格後、プロフェッショナル・エンジニア（P.E.）試験に合格し、米国のいずれかの州に申請して登録後、P.E.として認められます。登録にはP.E.試験合格のほか学歴、実務経験など州により異なる要件があり、出身大学の課程が米国の基準に合っていない場合など、P.E.試験に合格しても、州によっては登録が認められないことがあります。

専門分野工学の実践を問う内容で、試験会場で行われるCBTの多肢選択式の試験です。合計8時間で80問を、多肢選択式で解答します。参考書、ノート、指定機種の関数電卓などの持ち込みは可能ですが、携帯電話や通信機器は持ち込めません。

ファンダメンタルズ・オブ・エンジニアリング(F.E.)試験

関連する業種	製造業
認定機関	日本PE・FE試験協議会

米国でエンジニアとして認定されるP.E.の1次試験にあたり、技術者として基礎的な知識を問われます。P.E.試験と同様すべて英語で受験しなくてはなりません。

出題範囲は工学一般（数学、化学、電気、静力学、動力学、材料力学、流体工学、熱力学、土木、工学経済、倫理、環境など）で、試験会場で行われるCBTの多肢選択形式の試験です。合計6時間で、コンピュータ画面から呼び出すReference Handbook（公式集）を参照しながら、110問を解答します。

技術士・技術士補（機械部門、電気電子部門、金属部門、総合技術監理部門）

国家資格

関連する業種	製造業
関連法規	技術士法
認定機関	日本技術士会

すぐれた技術者の育成を図るために設けられた文部科学省所管の資格認定制度です。科学技術に関する21の技術部門があり、それぞれの専門分野ごとに技術士・技術士補の認定が行われます。

機械・電気関係では、機械部門、電気電子部門、金属部門などがあり、技術士であれば、一定の技術力があると認められます。

技術士の技術部門

機械部門、船舶・海洋部門、航空・宇宙部門、電気電子部門、科学部門、繊維部門、金属部門、資源工学部門、建設部門、上下水道部門、衛生工学部門、農業部門、森林部門、水産部門、経営工学部門、情報工学部門、応用理学部門、生物工学部門、環境部門、原子力・放射線部門、総合技術監理部門

技術士第一次試験と第二次試験があり、第一次試験の合格者、または文部科学大臣が指定した大学その他の教育機関における課程（日本技術者教育認定機構(JABEE)認定課程）を修了すると技術士補となる資格を得られます。

技術士補になる資格を有し（第一次試験合格またはJABEE認定課程修了）、以下の一定の実務経験がある人が第二次試験を受けられます。

二次試験受験資格

◉総合技術監理部門以外の技術部門

(1) 技術士補に登録後、技術士補として4年以上技術士を補助。

(2) 技術士補となる資格を得てから、科学技術に関する専門的応用能力を必要とする事項についての計画、研究、設計、分析、評価またはこれらに関する指導の業務を行う者の監督のもとに当該業務に4年以上従事。

(3) 科学技術に関する専門的応用能力を必要とする事項についての計画、研究、設計、分析、試験、評価またはこれらに関する指導の業務に7年以上従事（技術士補となる資格を得る前の期間も参入できる）。

※ 上記（1）～（3）について、大学院在籍による期間は２年までとする。

◉総合技術監理部門を受験する場合

上記（1）から（3）に示した期間に加えて3年以上の業務経験が必要です。ただし、すでに技術士第二次試験に合格している場合は、第一次試験合格前の従事期間を含めて7年以上の業務経験があれば受験できます。

機械設計

機械設計に関する資格です。すぐれたアイデアを形にしていくため必要な、さまざまな知識と経験、技能を評価します。

機械設計技術者

関連する業種	機械製造業、機械設計業
認定機関	日本機械設計工業会

機械設計技術者の総合能力を認定する検定試験です。

1級から3級まであり、1級と2級は安全で効率のよい機械を経済的に設計する技術者の能力を、3級は学生や新人技術者の技術水準を評価することを目的としています。

3級の受験資格は特にありません。誰でも受験できます。2級と1級を受験するには、次のような実務経験または3級または2級への合格が必要です。

機械設計技術者受験資格

最終学歴		実務経験				
		1級		2級		3級
		直接受験（要審査）	2級取得者	直接受験	3級取得者	
工学系	大学、大学院、高専専攻科、高度専門士	5年	2級取得後、次年度から受験可能	3年	2年	実務経験不問
工学系	短大、高専、専門学校	7年		5年	4年	
高校、その他		10年		7年	6年	

それぞれの級の試験科目と形式は、次ページの通りです。

1級

試験科目・時間	内容・形式
第1時限（130分）	設計管理関連課題、機械設計基礎課題、環境経営関連課題（記述式）
第2時限（120分）	実技課題（問題選択方式で、記述式）
第3時限（90分）	小論文

2級

試験科目・時間	内容・形式
第1時限（130分）	機構学・機械要素設計、材料力学、流体工学、工業材料、工作法（マークシート方式）
第2時限（120分）	機械力学、制御工学、環境・安全、熱工学（マークシート方式）、機械製図（記述式）
第3時限（90分）	応用・総合（記述式）

3級

試験科目・時間	内容・形式
第1時限（120分）	機構学・機械要素設計、流体工学、工作法、機械製図（マークシート方式）
第2時限（120分）	材料力学、機械力学、熱工学、制御工学、工業材料（マークシート方式）

EMC設計技術者

関連する業種	電気·電子機器製造業
認定機関	KEC関西電子工業振興センター

EMC（Electromagnetic Compatibility：電磁両立性）とは、電気・電子機器から発生する電磁波が周囲の機器に影響を与えないように、また、他の機器からの電磁波の影響を受けないように動作する性能のことです。

EMC設計技術者は、電気機器や電子回路、プリント基板を設計するときに、EMC対応の設計を行う技術力を評価し、認定します。KEC関西電子工業振興センターと米国のiNARTE（The International Association for Radio, Telecommunications and Electromagnetics）が国際的に通用する資格として共同で開発し、運営しています。

標準とシニアがあり、それぞれの資格試験に合格し認証を受けると、EMC設計技術者またはシニアEMC設計技術者として認定されます。

EMC設計技術者を取得するには、学士以上の学位を持ち、この分野の実務経験5年以上が必要です。ただし、在学中に受験は可能で、合格すれば卒業後に実務経験取得を経て認定を受けられます。

シニアEMC設計技術者を取得するには、EMC設計技術者資格を取得後3年以上の実務経験が必要です。

試験はマークシート方式で、4時間で50問を解答します。関数電卓、参考資料、パソコンなどの持ち込みが可能ですが、外部との接続は禁止されます。

iNARTE EMC エンジニア／テクニシャン

関連する業種	電気・電子機器製造業
認定機関	KEC関西電子工業振興センター

米国のiNARTE（The International Association for Radio, Telecommunications and Electromagnetics）がEMCに関する技術を認定する国際資格ですが、日本で日本語で受験できます。EMC設計技術者に比べると、その製品がEMCにどの程度対応しているかを調べるEMC試験を実施する知識・技能の比重が高くなっています。

エンジニアとテクニシャンがあり、資格試験を受験するにはEMC業務に従事しているうえ、エンジニア3年以上、テクニシャン1年以上の、さらに合格後認定を受けるには、次ページの実務経験が必要です。

学歴・学位（理工系推奨）	エンジニア		テクニシャン	
	受験	資格取得	受験	資格取得
高等学校	3年	9年	1年	6年
高専、短大		7年		4年
学士学位取得		5年		2年
修士以上学位取得		4年		1年

試験はマークシート方式で、4時間で50問を解答します。関数電卓、参考資料、パソコンなどの持ち込みが可能ですが、外部との接続は禁止されます。

機械設計

製図・CAD

工業製品や建築物の設計には、一定の決まりのもとに図面を描く製図の技術が必要です。生産現場では、現在ではコンピュータ上でCAD（Computer-aided design）を利用するのが一般的ですが、基本的な製図の知識を学ぶために紙とペンによる製図法も重要です。

CAD利用技術者試験

関連する業種	製造業、建設業、設計事務所
認定機関	コンピュータ教育振興協会

CAD技術者として一定以上のレベルに達していることを認定する試験です。2次元CAD利用技術者と3次元CAD利用技術者があり、2次元CAD利用技術者には基礎、2級、1級、1級には機械、建築、トレースの3つの分野があります。また、3次元CAD利用技術者は2級、準1級、1級があります。

2次元の基礎と2級は筆記試験で、1級は筆記と実技があります。3次元の2級は筆記試験で、準1級と1級は実技試験です。

受験資格は特になく、誰でも受験できます。

CAD実務キャリア認定制度

関連する業種	製造業、建設業、設計事務所
認定機関	CAD検定部会／NPO法人日本学び協会

CADの実務者や学習者を対象に、CADの実務的な技術や技能を判定する認定制度です。

CADアドミニストレーター認定試験、3次元CADトレーサー認定試験、3次元CADアドミニストレーター認定試験、TCADs（Test of CAD for skill）の4種類があり、試験はすべてCBTで行われます。

試験	レベル
CADアドミニストレーター認定試験	基本的な知識や基本操作を問う初級者レベル。
3次元CADアドミニストレーター認定試験	3Dモデリングの知識・技能、簡単な部品組立技能、2次元化技能を問う実務者レベル。
3次元CADトレーサー認定試験	3Dモデリングの知識・技能、簡単な部品組立技能、2次元化技能、機械製図知識を問う実務者レベル。

上記の3試験には学校などでの団体受験と一般の在宅受験があります。試験時間は90分で、3次元CADトレーサー認定試験と3次元CADアドミニストレーター認定試験は約1週間前に事前通告された課題と試験当日に作成したものを提出します。CADアドミニストレーター認定試験には事前課題はありません。

TCADs（Test of CAD for skill）は、合否ではなくCAD操作の技術と図面の理解力をスコアで評価する試験です。機械部門と建築部門があり、それぞれ受験者がどのくらいの知識と技能を持つかを990点満点で評価します。

TCADsは試験会場でCBT形式により行われ、4肢選択方式の学科試験（40分）と実際に図面を描いてCADデータを提出する実技試験（100分）があります。

どの試験も受験資格は特にありません。

トレース技能検定

関連する業種	製造業、建設業、設計事務所
認定機関	中央工学校生涯学習センター

トレースとは、専門家が描いた図面を正確に写し取り清書することです。トレース技能検定は、トレース技能が一定レベル以上であることを認定する検定試験です。

1級から4級まであり、数が少ない方が上級です。検定試験は、どの級も2時間30分の実技試験と30分の理論試験で構成され、誰でも受験することができます。

基礎製図検定

関連する業種	製造業、建設業、設計事務所
認定機関	全国工業高等学校長協会

「製図の基礎知識をよく理解し、投影図法を確実に把握する能力を養い、製図教育の振興を図る」ために、全国工業高等学校長協会が実施する検定試験です。受験資格は各学校の在校生または各会場校の責任者が認めた者です。試験は各学校で実施され、合格者には合格証が交付されます。

機械製図検定

関連する業種	製造業、建設業、設計事務所
認定機関	全国工業高等学校長協会

「製図の基本知識をよく理解し、簡単な部品の製作図が確実にかける実技能力を高め、製図教育の振興を図る」ために、全国工業高等学校長協会が実施する検定試験です。受験資格は各学校の在校生または各会場校の責任者が認めた者です。試験は各学校で実施され、合格者には合格証が交付されます。

機械・プラントの製図技能士

（➡ p.54 参照）

電気製図技能士

（➡ p.54 参照）

3-5 その他の資格

機械・電気のものづくりには、幅広い知識や技能がものをいいます。機械の操作、危険物の管理、無線技術など、これまでの分類にはおさまらない資格を紹介します。

クレーン・フォークリフト

荷物を持ち上げて移動させるクレーンは、工場や倉庫、工事現場などでよく使われる機械のひとつです。クレーンを操作するには、種類とつり上げ荷重の範囲によって、異なる資格が必要になります。

主なクレーンの種類には、次のようなものがあります。

クレーンの種類

クレーン

荷物を動力でつり上げ水平に運ぶための装置で、移動式クレーンとデリック以外のもの。

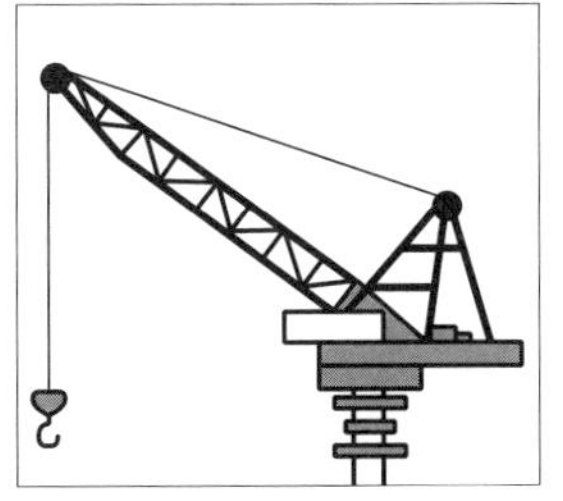

床上運転式クレーン

クレーンのうち、床上で運転し、かつ、運転をする者がクレーンの走行と共に移動するもの。床上操作式クレーンを除く。

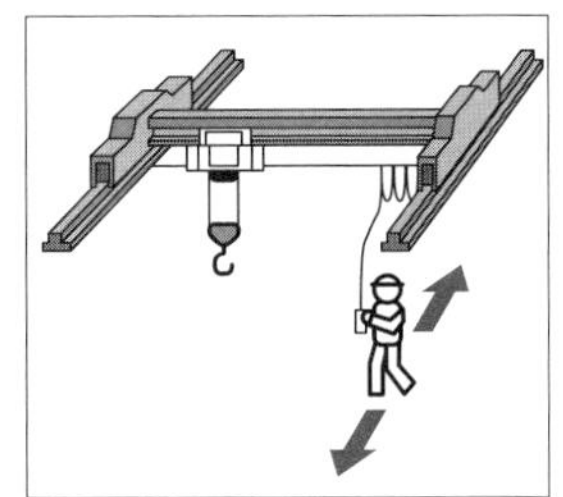

床上操作式クレーン

クレーンのうち、床上で操作し、かつ、運転をする者が荷の移動と共に移動するもの。

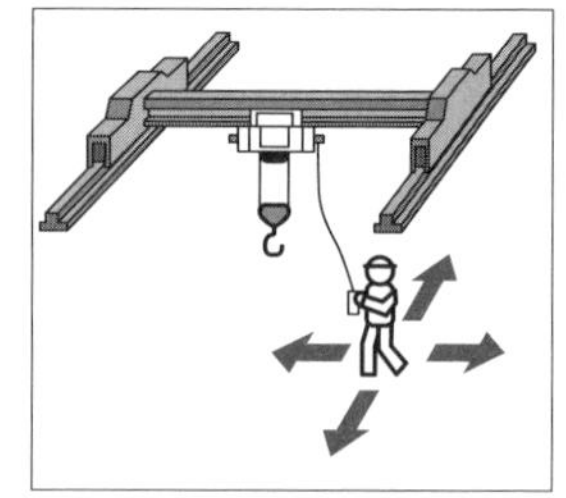

移動式クレーン

原動機（エンジン等）を内蔵し、かつ、不特定の場所に移動させることができるもの。

小型移動式クレーン

つり上げ荷重5 t（トン）未満の移動式クレーン。

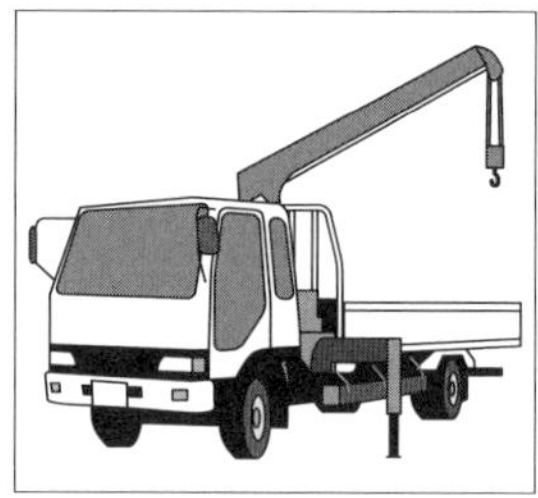

デリック

荷物をつり上げる装置の一種で、原動機が別に置かれていて、つり上げ荷重が0.5 t 以上のもの。

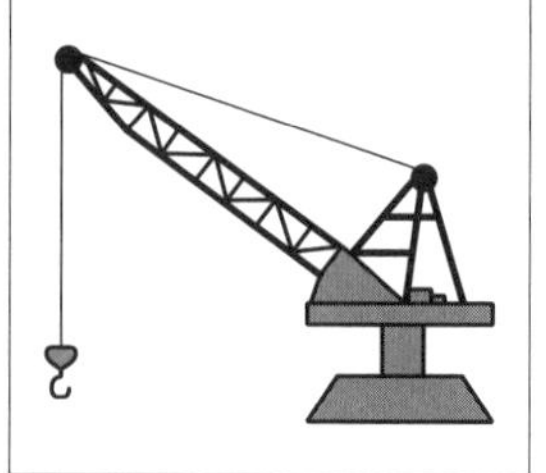

クレーンなどで荷物をつり上げるときに、ロープなどをかけて荷物を固定し、フックにかけたり、移動させた荷物をフックから外す「玉掛（たまか）け」という作業を行うにも、資格が必要です。

なお、つり上げ荷重0.5 t 未満のクレーンなどの運転・操作と玉掛け作業には、資格は必要ありません。

玉掛け技能講習/玉掛け特別教育

国家資格

関連する業種	全般
関連法規	労働安全衛生法
認定機関	都道府県労働局長登録教習機関（技能講習）、各事業所など（特別教育）

クレーン、移動式クレーン、デリックの玉掛け業務に従事する人は、一定の教育や講習を受けておかなくてはなりません。

つり上げ荷重が１ｔ（トン）未満のクレーン等の玉掛け業務は、玉掛けの業務に係わる特別教育（玉掛け特別教育）を受ければ従事できます。１ｔ以上のクレーン等の玉掛け業務に従事するには、玉掛け技能講習の修了が必要です。

教育科目		玉掛け特別教育	玉掛け技能講習
学科	クレーン等に関する知識	1時間	1時間
	クレーン等の玉掛けに必要な力学に関する知識	1時間	3時間
	クレーン等の玉掛けの方法	2時間	7時間
	関連法令	1時間	1時間
実技	クレーン等の玉掛け	3時間	6時間
	クレーン等の運転のための合図	1時間	1時間
	合計	9時間	19時間

クレーン・デリック運転士

国家資格

関連する業種	建設揚重業
関連法規	労働安全衛生法
認定機関	安全衛生技術試験協会

クレーン・デリック運転士免許は、使用できるクレーン・デリックにより、次の3種類に分かれます。

クレーン・デリック運転士免許(限定なし)	つり上げ荷重5t(トン)以上のものを含めて、すべてのクレーンとデリックを運転できる。
クレーン・デリック運転士免許(クレーン限定)	つり上げ荷重5t以上のものを含めて、すべてのクレーンを運転できる。デリックは運転できない。
クレーン・デリック運転士免許(床上運転式クレーン限定)	つり上げ荷重5t以上のものを含めて、すべての床上運転式クレーンと床上操作式クレーン、また、つり上げ荷重5t未満のクレーンを運転・操作できる。

クレーン・デリック運転士になるには、それぞれの種別のクレーン・デリック運転士免許試験に合格して、都道府県労働局長から免許の交付を受けなければなりません。クレーン・デリック運転士免許試験は全国の安全衛生技術センターで受験できます。

試験には学科と実技があり、学科試験に合格、または学科試験を免除された人だけが実技試験を受験できます。

次の条件に該当する場合は、試験の一部を免除されます。

▼クレーン・デリック運転士(限定なし)

条件	免除科目
クレーン運転実技教習(床上運転式クレーンを用いて行うものを除く)を修了後1年以内	【実技】全部(学科のみを受験)
鉱山においてつり上げ荷重5t以上のクレーン(床上操作式クレーンおよび床上運転式クレーンを除く)の運転業務に1か月以上従事	【実技】全部(学科のみを受験)
床上運転式クレーンを用いて行うクレーン運転実技教習を修了後1年以内	【実技】運転のための合図

鉱山においてつり上げ荷重5t以上の床上運転式クレーンの運転業務に1か月以上従事	【実技】運転のための合図
クレーン・デリック運転士（限定なし）の学科試験に合格して1年以内	【学科】全部（実技のみを受験）
クレーン・デリック運転士（クレーン限定、床上運転式クレーン限定）の学科試験に合格して1年以内	【学科】原動機及び電気に関する知識、力学に関する知識
クレーン・デリック運転士（クレーン限定）または旧クレーン運転士免許を保有	【学科】原動機及び電気に関する知識、力学に関する知識 【実技】全部（学科のみを受験）
クレーン・デリック運転士（床上運転式クレーン限定）または旧クレーン運転士（床上運転式限定）免許を保有	【学科】原動機及び電気に関する知識、力学に関する知識 【実技】運転のための合図
移動式クレーンまたは揚貨物装置運転士免許を保有	【学科】力学に関する知識 【実技】運転のための合図
旧デリック運転士免許を保有	【学科】力学に関する知識 【実技】運転のための合図
床上操作式クレーン運転技能講習を修了	【実技】運転のための合図
小型移動式クレーン運転技能講習を修了	【実技】運転のための合図
玉掛け技能講習を修了	【実技】運転のための合図

▼クレーン・デリック運転士（クレーン限定）

条件	免除科目
クレーン運転実技教習（床上運転式クレーンを用いて行うものを除く）を修了後1年以内	【実技】全部（学科のみを受験）
鉱山においてつり上げ荷重5t以上のクレーン（床上操作式クレーンおよび床上運転式クレーンを除く）の運転業務に1か月以上従事	【実技】全部（学科のみを受験）
床上運転式クレーンを用いて行うクレーン運転実技教習を修了後1年以内	【実技】運転のための合図
鉱山においてつり上げ荷重5t以上の床上運転式クレーンの運転業務に1か月以上従事	【実技】運転のための合図
クレーン・デリック運転士（クレーン限定、床上運転式クレーン限定）の学科試験に合格して1年以内	【学科】全部（実技のみを受験）

クレーン・デリック運転士（床上運転式クレーン限定）または旧クレーン運転士（床上運転式限定）免許を保有	【学科】全部（実技のみを受験） 【実技】運転のための合図
移動式クレーンまたは揚貨物装置運転士免許を保有	【学科】力学に関する知識 【実技】運転のための合図
旧デリック運転士免許を保有	【学科】力学に関する知識 【実技】運転のための合図
床上操作式クレーン運転技能講習を修了	【実技】運転のための合図
小型移動式クレーン運転技能講習を修了	【実技】運転のための合図
玉掛け技能講習を修了	【実技】運転のための合図

▼ クレーン・デリック運転士（床上運転式クレーン限定）

条件	免除科目
床上運転式クレーンを用いて行うクレーン運転実技教習を修了後1年以内	【実技】全部（学科のみを受験）
鉱山においてつり上げ荷重5t以上の床上運転式クレーンの運転業務に1か月以上従事	【実技】全部（学科のみを受験）
クレーン・デリック運転士（限定なし）の学科試験に合格して1年以内	【学科】全部（実技のみを受験）
クレーン・デリック運転士（クレーン限定、床上運転式クレーン限定）の学科試験に合格して1年以内	【学科】全部（実技のみを受験）
移動式クレーンまたは揚貨物装置運転士免許を保有	【学科】力学に関する知識 【実技】運転のための合図
旧デリック運転士免許を保有	【学科】力学に関する知識 【実技】運転のための合図
床上操作式クレーン運転技能講習を修了	【実技】運転のための合図
小型移動式クレーン運転技能講習を修了	【実技】運転のための合図
玉掛け技能講習を修了	【実技】運転のための合図

クレーン・デリック運転士免許試験は誰でも受験できますが、免許の交付を受けられるのは18歳以上の人に限られます。

なお、つり上げ荷重が5t未満のクレーン・デリックについては、技能講習や特別教育の修了で運転できるものもあります。

床上操作式クレーン運転技能講習

国家資格

関連する業種	全般
関 連 法 規	労働安全衛生法
認 定 機 関	都道府県労働局長登録教習機関

床上操作式クレーン運転技能講習を修了すると、つり上げ荷重が5 t（トン）以上のすべての床上操作式クレーンを運転・操作できます。また、つり上げ荷重が5 t 未満のクレーンを運転・操作できます。

クレーンの運転の特別教育

国家資格

関連する業種	全般
関 連 法 規	労働安全衛生法
認 定 機 関	各事業所など

クレーンの運転の特別教育を修了すると、つり上げ荷重が5 t（トン）未満のクレーンを運転・操作できます。

デリックの運転の特別教育

国家資格

関連する業種	全般
関 連 法 規	労働安全衛生法
認 定 機 関	各事業所など

デリックの運転の特別教育を修了すると、つり上げ荷重が5 t（トン）未満のデリックを運転・操作できます。

移動式クレーン運転士

国家資格

関連する業種	建設揚重業
関連法規	労働安全衛生法
認定機関	安全衛生技術試験協会

移動式クレーンを運転するための資格です。移動式クレーン運転士とクレーン・デリック運転士は別々の免許になっているため、クレーン・デリック運転士の免許があっても、移動式クレーンを運転するには、移動式クレーン運転士免許が必要です。

移動式クレーン運転士になるには、移動式クレーン運転士免許試験に合格して、都道府県労働局長から免許の交付を受けなければなりません。移動式クレーン運転士免許試験は全国の安全衛生技術センターで受験できます。試験には学科と実技があり、学科試験に合格、または学科試験を免除された人だけが実技試験を受験できます。

以下の条件に該当する場合は、試験の一部を免除されます。

条件	免除科目
クレーン・デリック、旧クレーン、旧デリックまたは揚貨装置運転士免許を保有	【学科】力学に関する知識 【実技】運転のための合図
移動式クレーン運転実技教習を修了後1年以内	【実技】全部（学科のみを受験）
鉱山においてつり上げ荷重が5t以上の移動式クレーンの運転業務に1か月以上従事	【実技】全部（学科のみを受験）
移動式クレーンの学科試験に合格して1年以内	【学科】全部（実技のみを受験）
床上操作式クレーン運転技能講習、小型移動式クレーン運転技能講習、玉掛け技能講習を修了	【実技】運転のための合図

移動式クレーン運転士免許試験は誰でも受験できますが、免許の交付を受けられるのは18歳以上の人に限られます。

なお、移動のために公道を走行する場合には移動式クレーン運転士免許は必要なく、車両総重量に応じた自動車運転免許が必要です。

小型移動式クレーン運転技能講習

国家資格

関連する業種	建設揚重業
関連法規	労働安全衛生法
認定機関	都道府県労働局長登録教習機関

小型移動式クレーン運転技能講習を修了すると、つり上げ荷重5 t（トン）未満の移動式クレーンを運転・操作できます。

移動式クレーン運転の特別教育

国家資格

関連する業種	全般
関連法規	労働安全衛生法
認定機関	各事業所など

移動式クレーン運転の特別教育を修了すると、つり上げ荷重1 t（トン）未満の移動式クレーンを運転・操作できます。

フォークリフト運転技能講習／フォークリフト運転特別教育

国家資格

関連する業種	全般
関連法規	労働安全衛生法
認定機関	都道府県労働局長登録教習機関（技能講習）、各事業所など（特別教育）

フォークリフトとは、前面に上下や斜めに動く爪（フォーク）がついた自動車で、荷物を爪に乗せて運んだり積み替えたりできるものです。

フォークリフト運転技能講習を受講して修了すると、最大荷重1 t（トン）以上のものを含めて、すべてのフォークリフト、ストラドルキャリア、コンテナキャリア、トップリフター、クランプリフトを操作できます。また、フォークリフト特別教育を受講して修了すると、最大荷重1t未満のフォークリフト、ストラドルキャリア、コンテナキャリア、トップリフター、クランプリフトを操作できます。

どちらも受講できるのは、18歳以上です。

公道を走る場合は、操作するフォークリフトの規模に応じて、大型特殊自動車免許や小型特殊自動車免許が必要です。

自動車整備士／航空整備士 column

本文では取り上げていませんが、機械の仕事としては、自動車整備士と航空整備士があります。

◉自動車整備士 国家資格

自動車整備士は、道路運送車両法に定められた国家資格です。自動車を分解して整備する事業所では、一定の人数の自動車整備士を配置しなくてはなりません。自動車整備士になるには、自動車整備士技能検定を受験し合格する必要があります。自動車整備士技能試験には学科試験と実技試験があり、養成施設を修了するなど、一定の条件を満たすと一部または全部の科目が免除されます。

自動車整備士には、次のような種類があります。

一級大型自動車整備士、一級小型自動車整備士、一級二輪自動車整備士、二級ガソリン自動車整備士、二級ジーゼル自動車整備士、二級自動車シャシ整備士、二級二輪自動車整備士、三級自動車シャシ整備士、三級自動車ガソリン・エンジン整備士、三級自動車ジーゼル・エンジン整備士、三級二輪自動車整備士、自動車タイヤ整備士、自動車電気装置整備士、自動車車体整備士

◉航空整備士 国家資格

航空整備士は、航空法に定められた航空従事者技能証明のひとつで、国家資格です。航空整備士になるには、国家試験を受験し合格しなければなりません。国家試験には学科試験と実技試験があり、受験するには実務経験など一定の条件があります。養成施設によっては、学校での訓練課程が実務経験と認められます。

航空整備士には、次のような種類があります。

一等航空整備士、二等航空整備士、一等航空運航整備士、二等航空運航整備士、航空工場整備士

ボイラー

ボイラーとは、密閉された容器に水などを入れて加熱し、できた蒸気や温水を供給する装置です。給湯器や暖房機のほか、蒸気機関車で使われるような蒸気機関、火力発電の装置もボイラーの一種で、工場、発電所、大型ビル、家庭などさまざまな場所で、さまざまなボイラーが使われています。ボイラーの内部は高温・高圧になるため、安全に取り扱うには一定の知識と技術が求められます。

ボイラー技士（二級・一級・特級）

国家資格

関連する業種	製造業、ビルメンテナンス業
関連法規	労働安全衛生法
認定機関	安全衛生技術試験協会

簡易ボイラー、小型ボイラー、小規模ボイラーを除くボイラー一般の取扱い業務を行うには、ボイラー技士免許が必要です。ボイラー技師免許には、特級、一級、二級があり、どの級でもすべてのボイラーを取り扱うことができます。ただし、ボイラー取扱作業主任者（p.67）になるには、ボイラーの規模や種類により必要な免許が異なります。

二級ボイラー技士

一般的な製造設備、給湯設備、冷暖房設備など、主に伝熱面積が合計25m^{2}未満のボイラーを取り扱う作業でボイラー取扱作業主任者として選任されることが可能になる資格です。

二級ボイラー技士になるには、二級ボイラー技士免許試験による方法と関連する職業訓練を受ける方法があります。

免許の交付要件

免許試験を受ける場合は、免許試験に合格したうえで、以下の要件を満たして免許の交付を受けなくてはなりません。なお、職場などで実地修習などの要件を満たせない場合でも、日本ボイラ協会の実施するボイラー実技講習を受講すれば免許を取得できます。

- 大学、高専、高校等でボイラーに関する学科を修めたうえで３か月以上の実地修習※。
- ６か月以上の実地修習。
- ボイラー取扱技能講習を修了し、４か月以上の小規模ボイラーの取扱い経験。
- ボイラー実技講習（20時間）を修了。
- 熱管理士免状（エネルギー管理士（熱）免状を含む）をもった上で１年以上の実地修習。
- 海技士（機関３級以上）免許。
- 海技士（機関4、５級）の免許を持ち、伝熱面積の合計25m^{2}以上のボイラーの取扱経験。
- ボイラー・タービン主任技術者（１種、２種）免状を持ち、伝熱面積の合計25m^{2}以上のボイラーの取扱い経験。
- 保安技術職員国家試験規則による汽かん係員試験に合格し、伝熱面積の合計が25m^{2}以上のボイラーの取り扱い経験。
- 鉱山において、伝熱面積の合計が25m^{2}以上のボイラーの取り扱い経験（ただしゲージ圧力が0.4MPa以上の蒸気ボイラーまたはゲージ圧力0.4MPa以上の温水ボイラーに限る）。

※ 実地修習は、ボイラー技士の監督のもとにボイラーの取扱い方法を実地に習得するもので、指導者の資格、必要な科目と時間、修了試験などが定められたもの。

職業訓練による方法では、普通職業訓練のうち設備管理・運転系ボイラー運転科またはボイラー運転科の訓練（通信制を除く）を修了すると、免許試験を受験しなくても免許の交付を受けられます。また、その他厚生労働大臣が定める者も免許の交付を受けられます。

試験科目と出題範囲

二級ボイラー技師免許試験の試験科目と出題範囲は、次の4科目です。

試験科目	出題範囲
ボイラーの構造に関する知識	熱及び蒸気、種類及び型式、主要部分の構造、附属設備及び附属品の構造、自動制御装置
ボイラーの取扱いに関する知識	点火、使用中の留意事項、埋火、附属装置及び附属品の取扱い、ボイラー用水及びその処理、吹出し、清浄作業、点検
燃料及び燃焼に関する知識	燃料の種類、燃焼方式、通風及び通風装置
関係法令	労働安全衛生法、労働安全衛生法施行令及び労働安全衛生規則中の関係条項、ボイラー及び圧力容器安全規則、ボイラー構造規格中の附属設備及び附属品に関する条項

一級ボイラー技士

主に伝熱面積が500m^{2}未満のボイラーについて、ボイラー取扱作業主任者に選任されることが可能になる資格です。

一級ボイラー技士の免許を取得するには、一級ボイラー技士免許試験に合格後、免許の交付を受けなくてはなりません。

受験資格

一級ボイラー技士免許試験を受験するには、以下のいずれかの要件を満たす必要があります。

- 二級ボイラー技士免許取得。
- 大学、高専、高校等でボイラーに関する学科を修めて卒業後１年以上の実地修習。
- 熱管理士免状（エネルギー管理士（熱）免状を含む）を持ち、１年以上の実地修習。

- 海技士（機関３級以上）免許。
- ボイラー・タービン主任技術者（１種、２種）の免状を持ち、伝熱面積の合計が25m^{2}以上のボイラーの取扱い経験。
- 保安技術職員国家試験規則による汽かん係員試験に合格し、伝熱面積の合計が25m^{2}以上のボイラーの取扱い経験。

免許の交付要件

一級ボイラー技士免許の交付を受けるためには、一級ボイラー技士免許試験に合格したうえで、以下の要件を満たす必要があります。

- 二級ボイラー技士試験免許を取得後、２年以上ボイラー（小規模ボイラーおよび小型ボイラーを除く。以下同）を取り扱った経験、または１年以上ボイラー取扱作業主任者としての経験。
- 大学、高専、高校等でボイラーに関する学科を修めて卒業後、１年以上の実地修習等、または厚生労働大臣が定める者。

試験科目と出題範囲

一級ボイラー技師免許試験の試験科目と出題範囲は、以下の通りです。

試験科目	出題範囲
ボイラーの構造に関する知識	熱及び蒸気、種類及び型式、主要部分の構造、材料、据付け、附属設備及び附属品の構造、自動制御装置
ボイラーの取扱いに関する知識	点火、使用中の留意事項、埋火、附属装置及び附属品の取扱い、ボイラー用水及びその処理、吹出し、損傷及びその防止方法、清浄作業、点検
燃料及び燃焼に関する知識	燃料の種類、燃焼理論、燃焼方式及び燃焼装置、通風及び通風装置
関係法令	労働安全衛生法、労働安全衛生法施行令及び労働安全衛生規則中の関係条項、ボイラー及び圧力容器安全規則、ボイラー構造規格中の附属設備及び附属品に関する条項

特級ボイラー技士

伝熱面積が500m^{2}以上などすべてのボイラーについて、ボイラー取扱作業主任者に選任されることが可能になる資格です。

特級ボイラー技士の免許を取得するには特級ボイラー技士免許試験に合格後、免許の交付を受けなくてはなりません。

受験資格

特級ボイラー技士免許試験を受験するには、以下のいずれかの要件を満たす必要があります。

- 一級ボイラー技士免許。
- 大学または高専でボイラーに関する講座または学科目を修めて卒業したのち、2年以上の実地修習。
- 熱管理士免状（エネルギー管理士（熱）免状を含む）を持ち、2年以上の実地修習。
- 海技士（機関1、2級）免許。
- ボイラー・タービン主任技術者（1種、2種）の免状をもち、伝熱面積の合計が500m^{2}以上のボイラーの取扱い経験者。

免許の交付要件

特級ボイラー技士免許の交付を受けるためには、特級ボイラー技士免許試験に合格したうえで、以下の要件を満たす必要があります。

- 一級ボイラー技士試験免許取得後、5年以上のボイラー（小規模ボイラーおよび小型ボイラーを除く）の取り扱い経験、または免許取得後、3年以上のボイラー取扱作業主任者としての経験。
- 大学または高専でボイラーに関する学科を修めて卒業後、2年以上の実地修習等、または厚生労働大臣が定める者。

試験科目と出題範囲

特級ボイラー技師免許試験の試験科目と出題範囲は、以下の通りです。

試験科目	出題範囲
ボイラーの構造に関する知識	熱及び蒸気、種類及び型式、主要部分の構造及び強度、材料、工作、据付け、附属設備及び附属品の構造、自動制御装置
ボイラーの取扱いに関する知識	点火、使用中の留意事項、埋火、附属設備及び附属品の取扱い、ボイラー用水及びその処理、吹出し、損傷及びその防止方法、清浄作業、点検
燃料及び燃焼に関する知識	燃料の種類、燃焼理論、燃焼方式及び燃焼装置、通風及び通風装置、熱管理
関係法令	労働安全衛生法、労働安全衛生法施行令及び労働安全衛生規則中の関係条項、ボイラー及び圧力容器安全規則、ボイラー構造規格

ボイラー溶接士(特別・普通)

国家資格

関連する業種	ボイラー製造業、溶接業
認定機関	安全衛生技術試験協会

ボイラーまたは第一種圧力容器（小型圧力容器を除く）の溶接の業務につくには、ボイラー溶接士の免許を取得していなくてはなりません。

普通ボイラー溶接士

溶接部の厚さ25mm以下のボイラーおよび第一種圧力容器の溶接の業務と管台、フランジ等を取付ける場合の溶接の業務ができます。

普通ボイラー溶接士になるには、普通ボイラー溶接士免許試験を受験し合格しなくてはなりません。普通ボイラー溶接士試験を受験するには、1年以上の溶接作業の実務経験（ガス溶接・自動溶接を除く）が必要です。試験は2時間半の学科試験と1時間の実技試験があります。

試験科目

学科	・ボイラーの構造及びボイラー用材料に関する知識 ・ボイラーの工作及び修繕方法に関する知識 ・溶接施行方法の概要に関する知識 ・溶接棒及び溶接部の性質の概要に関する知識 ・溶接部の検査方法の概要に関する知識 ・溶接機器の取扱方法に関する知識 ・溶接作業の安全に関する知識 ・関係法令
実技	下向き突合せ溶接及び立向き突合せ溶接

以下の条件を満たす場合は、学科または実技試験のどちらかを免除されます。

試験の免除

学科	・普通ボイラー溶接士免許試験の学科試験に合格した者で、その学科試験が行われた日から起算して1年以内の者 ・普通ボイラー溶接士免許の有効期間が満了した後2年を経過しない者
実技	・溶接工の技りょうに関する試験の方法等を定める告示（平成10年運輸省告示第417号）第2条の規定による次の分類の溶接工の技りょうに関する試験に合格した者 1　M　2種O級　A 2　M　3種O級　A 3　M　2種P級　A 4　M　2種V級　A 5　M　3種V級　A ・鋼船構造規程（昭和15年逓信省令第24号）第25章第3節に規定する1級A種、2級A種、1級B種、2級B種または1級D種の溶接技倆試験に合格した者 ・電気事業法による溶接方法の認可を受けた溶接士のうち裏あて金を用いる被覆アーク溶接（A）の区分で 1. W-1またはW-2の試験材で、それぞれfv、fvo、fvh、fvohの姿勢で行った者 2. W-3またはW-4の試験材で、rまたはeの姿勢で行った者

ボイラー溶接士免許には有効期限があり、更新が必要です。

特別ボイラー溶接士

特別ボイラー溶接士になるには、特別ボイラー溶接士免許試験を受験し合格しなくてはなりません。

特別ボイラー溶接士免許試験を受験するには、普通ボイラー溶接士免許取得後1年以上のボイラーまたは第一種圧力容器の溶接作業の実務経験（ガス溶接、自動溶接を除く）が必要です。試験は2時間半の学科試験と1時間の実技試験があります。

試験科目

学科	・ボイラーの構造及びボイラー用材料に関する知識 ・ボイラーの工作及び修繕方法に関する知識 ・溶接施行方法の概要に関する知識 ・溶接棒及び溶接部の性質の概要に関する知識 ・溶接部の検査方法の概要に関する知識 ・溶接機器の取扱方法に関する知識 ・溶接作業の安全に関する知識 ・関係法令
実技	横向き突合せ溶接

以下の条件を満たす場合は、学科を免除されます。

- 特別ボイラー溶接士免許試験の学科試験に合格した者で、その学科試験が行われた日から起算して１年以内の者。
- 特別ボイラー溶接士免許の有効期間が満了したのち２年を経過しない者。

ボイラー溶接士免許には有効期限があり、更新が必要です。

ボイラー整備士

国家資格

関連する業種	ボイラー設備整備業、ビルメンテナンス業
認定機関	安全衛生技術試験協会

一定の大きさを超えるボイラーまたは第一種圧力容器の整備業務を行うために必要な資格です。ボイラー整備士免許を得るには、ボイラー整備士試験を受験し、合格しなければなりません。ボイラー整備士試験には受験資格は特にありません。

ボイラー整備士試験の試験科目は、次の通りです。

試験科目

試験科目	出題数（配点）
ボイラー及び第一種圧力容器の整備の作業に関する知識	10問（30点）
ボイラー及び第一種圧力容器の整備の作業に使用する器材、薬品等に関する知識	5問（20点）
関係法令	5問（20点）
ボイラー及び第一種圧力容器に関する知識	10問（30点）

以下の条件を満たす場合は、科目の一部（ボイラー及び第一種圧力容器に関する知識）を免除されます。

- ボイラー技士（特級、一級、二級）免許取得者。
- 普通職業訓練（設備管理・運転系ボイラー運転科）または普通職業訓練（ボイラー運転科）修了者。
- 旧養成訓練、旧能力再開発訓練、旧専修訓練課程普通職業訓練のボイラー運転科修了者。

ボイラー取扱作業主任者

（➡ p.67 参照）

第一種圧力容器取扱作業主任者

（➡ p.68 参照）

特定第一種圧力容器取扱作業主任者

（➡ p.69 参照）

ボイラー取扱者

（➡ p.79 参照）

ボイラー・タービン主任技術者

国家資格

関連する業種	電力会社、発電設備のある工場
関連法規	電気事業法
認定機関	各地方産業保安監督部電力安全課

電気事業法に基づく発電用ボイラー、蒸気タービン、ガスタービン及び燃料電池発電所等の工事、維持、運用など保安の監督者として選任されるために必要な資格です。第1種と第2種があり、第1種はすべてのボイラーやタービン、第2種は圧力5880kPa（キロパスカル）未満の汽力設備、原子力設備、ガスタービン設備および圧力98kPa未満の燃料電池設備の保安監督者として選任できます。

試験等は特になく、一定の学歴と実務経験のある人が各地方の産業保安監督部電力安全課に申請して認められます。

ボイラー・タービン主任技術者として必要な学歴と実務経験は以下の通りで、第1種は（1）～（3）のすべて、第2種は（4）（5）の両方を満たさなくてはなりません。

▼ 必要な学歴と実務経験

学歴	必要な実務経験年数				
	第1種			第2種	
	(1)	(2)	(3)	(4)	(5)
大学(機械工学)卒業	6	6	3	3	3
大学卒業	10	6	3	5	3
短大・高専(機械工学)卒業	8	8	4	4	4
短大・高専卒業	12	8	4	6	4
高校(機械工学)卒業	10	10	5	5	5
高校卒業	14	10	5	7	5
中学卒業	20	15	10	12	10
一級海技師（機関）、特級ボイラー技士、エネルギー管理士（熱）または、技術士（機械部門に限る）の2次試験に合格した者	6	6	3	3	3

(1) 卒業後または資格取得後にボイラーまたは蒸気タービンの工事、維持または、運用に係わった年数。

(2)（1）のうち、発電用の設備（電気工作物）に係わった年数。

(3)（2）のうち、圧力5,880kPa以上の発電用設備に係わった年数。

(4) 卒業後または資格取得後にボイラー、蒸気タービン、ガスタービンまたは、燃料電池設備（最高使用圧力が98kPa以上のもの）の工事、維持または、運用に係わった年数。

(5)（4）のうち、発電用の設備（電気工作物）に係わった年数。

高圧ガス

高圧ガスは大変危険で、取扱いを誤ると大事故につながります。液化天然ガスや冷凍設備など高圧ガスを扱う業務に関する資格を紹介します。

高圧ガス製造保安責任者（冷凍以外） 国家資格	関連する業種	石油化学コンビナート、LPガス製造所、その他高圧ガス関連事業
	関連法規	高圧ガス保安法
	認定機関	高圧ガス保安協会

高圧ガスを扱う製造施設で、保安に係わる作業の責任者や保安員として働くために必要な国家資格です。扱う高圧ガスの種類や製造設備の規模によって、次のような種類があります。

高圧ガス保安責任者には、化学責任者、機械責任者、冷凍機械責任者の別がありますが、冷凍責任者については内容がかなり異なるため別項目で説明します。

化学責任者には甲・乙・丙、機械責任者には甲・乙の区別があり、甲が難しく、乙、丙の順にやさしくなっています。なお、甲種は経済産業大臣、乙種、丙種は都道府県知事が認定します。

検定試験や講習では化学責任者は化学、機械責任者は機械についての知識が多く要求されますが、資格の取り方や取得後の業務範囲に大きな区別はないので、まとめて説明します。

甲種化学責任者・甲種機械責任者

高圧ガスの保安技術管理者、保安主任者、保安係員などに選任されることが可能になる資格です。事業所の規模や取り扱う高圧ガスの種類による制限はありません。石油化学コンビナートなど大規模事業所での活躍が期待されます。

甲種化学責任者または甲種機械責任者の資格を取得するには、その種類の高圧ガス製造保安責任者試験に合格後、免状の交付を受けなくてはなりません。

受験資格は特になく、誰でも受けられます。試験科目は、法令、保安管理、学識の3科目で、甲種では法令と保安管理は択一式、学識は記述式です。なお、高圧ガス保安協会が実施する所定の講習会を受講して修了すると、保安管理と学識は免除されます。また、甲種化学の免状を持つ人が甲種機械を受験するときと、甲種機械の免状を持つ人が甲種化学を受験するときは、法令は免除されます。

乙種化学責任者・乙種機械責任者

高圧ガスの保安（技術管理者、保安主任者、保安係員などに選任されることが可能になる資格です。ただし、保安管理技術者になれるのは1日の処理能力が100万m^3（立方メートル）未満の事業所という制限があります。

乙種化学責任者または乙種機械責任者の資格を取得するには、その種類の高圧ガス製造保安責任者試験に合格後、免状の交付を受けなくてはなりません。

受験資格は特になく、誰でも受けられます。試験科目は、法令、保安管理、学識の3科目で、すべて択一式です。なお、高圧ガス保安協会が実施する所定の講習会を受講して修了すると、保安管理と学識は免除されます。また、乙種化学の免状を持つ人が乙種機械を受験するとき、乙種機械の免状を持つ人が乙種化学を受験するとき、甲種化学の免状を持つ人が乙種機械を受験するとき、甲種機械の免状を持つ人が乙種化学を受験するときは、いずれも法令は免除されます。

丙種化学責任者（液化石油ガス）

液化天然ガス（LPガス）の保安技術管理者、保安主任者、保安係員などに選任されることが可能になる資格です。ただし、保安管理技術者になれるのは1日の処理能力が100万m^3未満の事業所という制限があります。

丙種化学責任者（液化石油ガス）の資格を取得するには、その種類の高圧ガス製造保安責任者試験に合格後、免状の交付を受けなくてはなりません。

受験資格は特になく、誰でも受けられます。試験科目は、法令、保安管理、学識の3科目で、すべて択一式です。なお、高圧ガス保安協会が実施する所定の講習会を受講して修了すると、保安管理と学識は免除されます。

丙種化学責任者（特別試験科目）

高圧ガスの保安係員として選任されることが可能になる資格です。事業所の規模や取り扱う高圧ガスの種類による制限はありません。

受験資格は特になく、誰でも受けられます。試験科目は、法令、保安管理、学識の3科目で、すべて択一式です。なお、高圧ガス保安協会が実施する所定の講習会を受講して修了すると、保安管理と学識は免除されます。

冷凍機械責任者（高圧ガス製造保安責任者）（第一種～第三種）

国家資格

関連する業種	冷凍冷蔵工場、冷凍倉庫
関連法規	高圧ガス保安法
認定機関	高圧ガス保安協会

高圧ガス保安責任者の一種で、冷凍冷蔵工場や冷凍倉庫などで製造（冷凍）に関わる保安の仕事を行うために必要な資格です。

第一種が最も難しく、第二種、第三種とやさしくなっています。第一種には冷凍施設の規模の制限はなく、第二種は1日の冷凍能力が300t（トン）未満、第三種は1日の冷凍能力が100t未満の製造施設に関する保安業務を行えます。なお、第一種は経済産業大臣、第二種と第三種は都道府県知事が認定します。

冷凍機械責任者の資格を取得するには、その種類の高圧ガス製造保安責任者試験に合格後、免状の交付を受けなくてはなりません。

受験資格は特になく、誰でも受けられます。試験科目は、第一種と第二種は法令、保安管理、学識の3科目、第三種は法令、保安管理の2科目で、すべて択一式です。なお、高圧ガス保安協会が実施する所定の講習会を受講して修了すると、保安管理と学識（第三種は保安管理）は免除されます。

液化石油ガス設備士

国家資格

関連する業種	LP ガス設備工事業
関連法規	高圧ガス保安法
認定機関	高圧ガス保安協会

液化石油ガス（LPガス）の供給・消費に関わる設備工事を行うために必要な資格です。この資格がない人は、LPガスの設備工事を行うことはできません。

液化ガス設備士になるには、液化学設備士講習を受講して修了するか、または液化ガス設備士試験に合格して免状の交付を受けなくてはなりません。

液化ガス設備士試験には受験資格は特になく、誰でも受けられます。筆記試験と技能試験があり、筆記試験に合格しなければ技能試験は受けられません。前年の筆記試験に合格した場合は、翌年の筆記試験は免除されます。筆記試験の試験科目は法令と配管理論等の2科目で、択一式です。

ガス主任技術者（甲種・乙種・丙種）

国家資格

関連する業種	ガス事業者、ガス点検事業者
関 連 法 規	ガス事業法
認 定 機 関	日本ガス機器検査協会

一般家庭で使われる燃料ガスの製造から供給までに関わる設備（ガス工作物）の工事、維持、運用に関する保安業務の監督を行うために必要な資格です。甲種、乙種、丙種があり、甲種が最も難しく、乙種、丙種の順にやさしくなっています。

それぞれの資格で保安業務の監督ができる範囲は、次の通りです。

資格	監督範囲
甲種	すべてのガス工作物の工事、維持、運用
乙種	最高使用圧力が中圧および低圧のガス工作物、特定ガス工作物、特定ガス工作物に係るガス工作物の工事、維持および運用
丙種	特定ガス工作物および特定ガス工作物に係るガス工作物の工事、維持および運用

ガス主任技術者になるには、それぞれの種目のガス主任技術者試験に合格して、免状の交付を受けなくてはなりません。

ガス主任技術者試験は、受験資格は特になく、誰でも受けられます。

放射線

放射線は非常に危険で取扱いに注意が必要ですが、非破壊検査、農産物の殺菌、医療など幅広い産業で利用されています。その放射線の取り扱いに関わる資格を紹介します。

放射線取扱主任者（第1種・第2種・第3種） 国家資格		
	関連する業種	放射性同位元素または放射線発生装置取扱事業所者
	関連法規	放射線障害防止法
	認定機関	原子力安全技術センター

放射性同位元素または放射線発生装置を取り扱う業務において、放射線障害を防止するために監督を行う放射線取扱主任者として選任されるために必要な資格です。

放射線取扱主任者には第1種、第2種、第3種があり、第1種が最も難しくなっています。

第1種放射線取扱主任者

放射性同位元素または放射線発生装置を取り扱うすべての事業所において、放射線取扱主任者として選任されることが可能です。

第1種を取得するには、第1種放射線取扱主任者試験に合格したうえで第1種放射線取扱主任者講習を受講して修了し、免状の交付を受けなくてはなりません。第1種放射線取扱主任者試験の受験資格は特にありません。第1種放射線取扱主任者講習は、第1種放射線取扱主任者試験に合格した18歳以上の者でなければ受講できません。

第2種放射線取扱主任者

放射性同位元素の数量が10TBq（テラベクレル）未満の密封された放射性同位元素または同数量を装備した放射性同位元素装備機器を使用する事業所と、販売業、賃貸業の事業所において、放射線取扱主任者として選任されることが可能です。

第2種を取得するには、第2種放射線取扱主任者試験に合格したうえで第2種放射線取扱主任者講習を受講して修了し、免状の交付を受けなくてはなりません。第2種放射線取扱主任者試験の受験資格は特にありません。第2種放射線取扱主任者講習は、第2種放射線取扱主任者試験に合格した18歳以上の者でなければ受講できません。

第3種放射線取扱主任者

放射性同位元素の数量が、原子力規制委員会が定める下限数量の1000倍以下の密封された放射性同位元素または同数量を装備した放射性同位元素装備機器を使用する事業所と、販売業、賃貸業の事業所において、放射線取扱主任者として選任されることが可能です。

第3種を取得するには、第3種放射線取扱主任者講習を受講して修了し、免状の交付を受けなくてはなりません。第3種放射線取扱主任者講習は、18歳以上でなければ受講できません。

エックス線作業主任者

（➡ p.69 参照）

ガンマ線透過写真撮影作業主任者

（➡ p.70 参照）

エックス線等透過写真撮影者

（➡ p.83 参照）

診療放射線技師

（➡ p.148 参照）

医療機器

医療機器の操作や保守管理のために、病院で医療職として働くエンジニアもいます。医療行為や医療の補助行為を行うためには、医師や看護師のような国家資格が必要であり、医療機器のエンジニアも例外ではありません。

臨床工学技士

国家資格	
関連する業種	医療機関
関連法規	臨床工学技士法
認定機関	医療機器センター

臨床工学技士は、医師の指示のもとに人工呼吸器や人工心肺装置などの生命維持管理装置を操作したり、機器の保守点検を行ったりして、診療の補助を行います。

臨床工学技士になるには、臨床工学技士国家試験に合格しなくてはなりません。

国家試験の受験要件

臨床工学技士国家試験を受験するには、次のいずれかの条件を満たす必要があります。

- 高校卒業後、3年以上の臨床工学技士養成校を修了。
- 大学などで2年以上学んで指定科目を履修し、1年以上の臨床工学技士養成校を修了。
- 大学などで1年以上学んで指定科目を履修し、2年以上の臨床工学技士養成校を修了。
- 4年制大学で指定科目を履修して卒業。

試験科目

- 医学概論（公衆衛生学、人の構造および機能、病理学概論及び関係法規を含む）
- 臨床医学総論（臨床生理学、臨床生化学、臨床免疫学及び臨床薬理学を含む）
- 医用電気電子工学（情報処理工学を含む）
- 医用機械工学
- 生体機能代行装置学
- 生体計測装置学
- 生体物性材料工学
- 医用治療機器学
- 医用機器安全管理学

診療放射線技師

国家資格

関連する業種	医療機関
関連法規	診療放射線技師法
認定機関	厚生労働省

診療放射線技師は、医師や歯科医師の指示のもとに、放射線を用いた検査や治療などを行います。

診療放射線技師になるには、診療放射線技師国家試験に合格しなくてはなりません。診療放射線技師国家試験を受験するには、高校卒業後、3年以上の診療放射線技師養成校を卒業する必要があります。

受験科目

基礎医学大要、放射線生物学（放射線衛生学を含む）、放射線物理学、放射化学、医用工学、診療画像機器学、エツクス線撮影技術学、診療画像検査学、画像工学、医用画像情報学、放射線計測学、核医学検査技術学、放射線治療技術学及び放射線安全管理学

ただし、旧診療エックス線技師試験または特例試験に合格している場合は、以下の科目は免除されます。

基礎医学大要、放射線生物学（放射線衛生学を含む）、放射線物理学、医用工学、エツクス線撮影技術学、画像工学、放射線計測学及び放射線安全管理学

無線

通信を行うときに誤った操作をすると、他の通信に影響を与えるおそれがあります。そのため、無線設備の操作を行うには、設備の種類や規模に応じた資格が必要です。放送局、携帯電話事業者、その他の電気通信事業者で無線機器の設置や保守など技術的な操作を行う場合も、資格が必要になってきます。

無線従事者

国家資格

関連する業種	電気通信事業者、放送局など
関連法規	電波法
認定機関	日本無線協会、認定学校等

無線従事者の資格には、総合、海上、航空、陸上、アマチュアの種別があり、それぞれ操作できる機器の種類や出力規模により等級があります。ここでは無線設備を使った通信だけでなく、技術的な操作をする技術者として働くために必要な陸上と総合の資格を紹介します。

陸上無線技術士（第一級、第二級）

無線局の技術的な操作を全般的に行うことができるようになる資格です。

第一級と第二級があり、それぞれの操作可能な範囲は次の通りです。

資格	操作可能な範囲
第一級	テレビジョン放送局や電気通信業務用の固定局などすべての無線局の技術的な操作。
第二級	テレビジョン放送局を除く空中線電力2kW（キロワット）以下の無線局と空中線電力500W（ワット）以下のテレビジョン放送局の無線設備の技術的な操作。

陸上特殊無線技士（第一級～第三級）

携帯電話の基地局など小規模な無線局や、大規模でも外部の転換装置など電波の質に直接影響を及ぼさない無線装置の技術的な操作を行うことができるようになる資格です。第一級から第三級と国内電信級陸上特殊無線技士があり、それぞれの操作可能な範囲は次の通りです。

資格	操作可能な範囲
第一級	第二級と第三級特殊無線技士の操作に加えて、30MHz（メガヘルツ）以上の電波を使用し空中線電力500W（ワット）以下の電気通信業務用、公共業務用など多重無線設備の固定局や基地局の技術的な操作。
第二級	第三級特殊無線技士の操作に加えて、電気通信業務用の多重無線設備のVSATなど小型地球局の無線設備（空中線電力50W以下のもので外部の転換装置などに限る）、多重無線設備を除く固定局、基地局、陸上移動局などの無線設備（1605kHz～4000kHzの電波を使用する空中線電力10W以下のものに限る）の技術的な操作。
第三級	固定局、基地局、陸上移動局などの無線設備（25010kHz～960MHzの電波を使用する空中線電力50W以下のもの、または1215MHz以上の電波を使用する空中線電力100W以下のものに限る）の技術的な操作。

なお、国内電信級陸上特殊無線技士は、固定局、基地局、陸上移動局等の無線電信で国内通信のための通信操作を行うもので、技術的な操作を行いません。

総合無線通信士（第一級～第三級）

海上、航空、陸上の無線局の無線設備の通信操作を行うことができ、技術的な操作も一部可能になる、無線操作の総合的な資格です。第一級から第三級まであり、可能となる操作は以下の通りです。

資格	操作可能な範囲
第一級	船舶と航空機の無線設備の操作、海上と航空関係の無線局の操作（技術的な操作は、空中線電力2kWまでのものに限る）、陸上の無線局（テレビジョン放送局は500Wまで、その他の無線局は2kWまでのものに限る）。
第二級	航空関係の無線局と船舶の無線設備の操作、放送局を除く陸上の無線設備の技術的な操作（一部の無線設備には空中線電力などに制限あり）。
第三級	船舶の無線設備の通信操作、放送局を除く固定局、基地局等の無線設備、レーダーの外部の転換装置の無線操作など（一部船舶の種類や通信の種類に制限あり）。船舶と陸上の無線設備の技術的な操作（多重設備を除くなどの制限あり）。

無線従事者になるには

無線従事者になるには、次のような方法があります。

(1) 該当する資格の国家試験に合格する

国家試験の試験日程と科目は次の通りです。

資格	試験日程	学科試験の科目
第一級・第二級 陸上無線技士	2日（学科）	無線工学の基礎、無線工学A、無線工学B、法規
第一級～第三級 陸上特殊無線技士	1日（学科）	無線工学、法規
第一級・第二級 総合無線通信士	3日（学科）＋ 1日（電気通信術）	無線工学の基礎、無線工学A、無線工学B、法規、英語、地理
第三級総合無線通信士	2日（学科）＋ 1日（電気通信術）	無線工学の基礎、無線工学、英語、法規

なお、他の無線従事者資格がある場合、電気通信に関する学科のある学校を卒業した場合などは、一部科目が免除されることがあります。

(2) 認定団体が行う養成課程を修了する

認定団体が行う養成課程を修了すると、無線従事者の免許を取得できます。技術的な操作ができる資格のうち、一般人を対象として養成課程が実施されているのは、第一級から第三級陸上特殊無線技士のみです。

なお、第一級陸上特殊無線技士の養成課程を受講するには、電気通信の課程のある学校を所定の年数以上修了するなど、一定の条件を満たさなくてはなりません。

(3) 大学、短期大学、高等専門学校、高等学校で、無線に関する科目を履修して卒業する

全国の電気通信課程のある高校や大学では、第一級陸上特殊無線技士や第二級陸上特殊無線技士の資格を取ることができる場合があります。

(4) 特定の無線従事者資格を持つ人が、一定の業務経験を経たり、講習を受講するなどして、上位の資格を取得する

上位の資格を取得する要件は次の通りです。

資格	資格取得要件
第一級陸上無線技術士	第一級総合無線通信士または第二級総合無線通信士陸上無線技術士の資格を持ち、7年以上の実務経験がある人が認定講習課程を受講する。
第二級陸上無線技術士	第二級総合無線通信士の資格を持ち、7年以上の実務経験がある人が認定講習課程を受講する。
第一級総合無線通信士	第二級総合無線通信士の資格を持ち、7年以上の実務経験がある人が認定講習課程を受講する。
第二級総合無線通信士	第三級総合無線通信士の資格を持ち、7年以上の実務経験がある人が認定講習課程を受講する。

その他

危険物、毒物劇物、消防設備など、その他工業生産や設備管理技術に関する資格を紹介します。

危険物取扱者

国家資格

関連する業種	化学薬品製造業など
関連法規	消防法
認定機関	消防試験研究センター

危険物の取扱い、定期点検、保安の監督を行うための資格です。一定量以上の危険物を取り扱う施設には、危険物取扱者を置く必要があります。

取り扱う危険物の種類によって、甲種、乙種（第1類～第6類）、丙種があります。

危険物取扱者になるには、危険物取扱者試験に合格して、免状の交付を受けなくてはなりません。甲種危険物取扱者の試験を受けるには、以下のいずれかの条件を満たす必要があります。乙種と丙種は、誰でも受験できます。

甲種危険物取扱者試験の受験資格

1）大学等において化学に関する学科等を修めて卒業した者。

2）大学等において化学に関する授業科目を15単位以上修得した者。

3）乙種危険物取扱者免状を有する者。

乙種危険物取扱者免状の交付を受けたのち、危険物製造所等における危険物取扱いの実務経験が２年以上の者、または次の４種類以上の乙種危険物取扱者免状の交付を受けている者

第１類または第６類／第２類または第４類／第３類／第５類

4）修士、博士の学位を授与された者で、化学に関する事項を専攻したもの（外国の同学位も含む）。

1)、2）の大学等とは、大学のほか、短期大学、高等専門学校、専修学校、高等学校の専攻科などが該当します。ただし、修業年限や学科は細かく規定されているため、受験にあたっては各自で確認してください。

▼取り扱い可能な危険物

資格の種類		取り扱い可能な危険物
甲種		全種類の危険物
乙種	第1類	塩素酸塩類、過塩素酸塩類、無機過酸化物、亜塩素酸塩類、臭素酸塩類、硝酸塩類、よう素酸塩類、過マンガン酸塩類、重クロム酸塩類などの酸化性固体
	第2類	硫化りん、赤りん、硫黄、鉄粉、金属粉、マグネシウム、引火性固体などの可燃性固体
	第3類	カリウム、ナトリウム、アルキルアルミニウム、アルキルリチウム、黄りんなどの自然発火性物質および禁水性物質
	第4類	ガソリン、アルコール類、灯油、軽油、重油、動植物油類などの引火性液体
	第5類	有機過酸化物、硝酸エステル類、ニトロ化合物、アゾ化合物、ヒドロキシルアミンなどの自己反応性物質
	第6類	過塩素酸、過酸化水素、硝酸、ハロゲン間化合物などの酸化性液体
丙種		ガソリン、灯油、軽油、重油など

毒物劇物取扱責任者

国家資格

関連する業種	化学薬品製造業
関連法規	毒物及び劇物取締法
認定機関	各都道府県

毒物劇物取扱責任者は、化学溶剤、農薬、医薬品などの毒物や劇物を扱う事業所で、毒物や劇物の管理を行うために設置を義務づけられています。毒物劇物取扱責任者になるには、次のいずれかの条件を満たす必要があります。

- 薬剤師免許を持つ。
- 大学、高等専門学校、専門学校（専門課程を置く専修学校）、高等学校で、応用化学に関する学科を修了する。
- 毒物劇物取扱責任者試験に合格する。

毒物劇物取扱責任者試験は、各都道府県が実施します。受験資格は特になく、誰でも受けられます。ただし、18歳未満の者は、毒物劇物取扱責任者になることはできません。どこかの都道府県で受験し合格すれば、他の都道府県でも有効です。

一般、農業用品目、特定品目の種別がありますが、農業用品目と特定品目は輸入業・販売業に限定された資格なので、製造業において毒物劇物取扱責任者になるには、一般の受験が必要です。

毒物劇物取扱責任者試験は筆記試験と実地試験があり、筆記試験の科目は毒物及び劇物に関する法規、基礎化学、毒物及び劇物の性質及びその他取り扱い方法、実地試験の科目は、毒物及び劇物の識別及び取扱方法です。試験の内容は都道府県によって違いがあり、実地試験は実地を想定した筆記試験で行われることが多くなっています。

特定化学物質及び四アルキル鉛等作業主任者 （➡ p.73 参照）

有機溶剤作業主任者 （➡ p.73 参照）

特殊化学設備取扱い作業者 （➡ p.82 参照）

四アルキル鉛等取扱作業者 （➡ p.83 参照）

消防設備士	関連する業種	消防施設工事業
	関連法規	消防法
国家資格	認定機関	消防試験研究センター

消火、警報、避難など消防に関する設備の設置工事、点検、整備を行うための資格です。

指定区分ごとに消防設備の設置工事、点検、整備を行う甲種と整備と点検のみで設置工事はできない乙種があります。

工事可能な設備等

消防設備士免状の種類と工事などができる設備等は次の通りです。

資格の種類		工事可能な設備等
甲種	特類	特殊消防用設備等
甲種または乙種	第1類	屋内消火栓設備、スプリンクラー設備、水噴霧消火設備、屋外消火栓設備、パッケージ型消火設備、パッケージ型自動消火設備、共同住宅用スプリンクラー設備
	第2類	泡消火設備、パッケージ型消火設備、パッケージ型自動消火設備
	第3類	不活性ガス消火設備、ハロゲン化物消火設備、粉末消火設備、パッケージ型消火設備、パッケージ型自動消火設備
	第4類	自動火災報知設備、ガス漏れ火災警報設備、消防機関へ通報する火災報知設備、共同住宅用自動火災報知設備、住戸用自動火災報知設備、特定小規模施設用自動火災報知設備、複合型居住施設用自動火災報知設備
	第5類	金属製避難はしご、救助袋、緩降機
乙種	第6類	消火器
	第7種	漏電火災警報器

消防設備士になるには、取得したい類の消防設備士試験に合格し、免状の交付を受けなくてはなりません。

受験資格

◉乙種消防設備士試験

誰でも受けられます。

◉甲種消防設備士試験

特類を受験するには、甲種第1類から第3類までのいずれかひとつと、甲種第4類および甲種第5類の3種類以上の免状の交付を受けている必要があります。

第1類～第5類を受験するには、一定の資格、学歴、実務経験等が必要です。受験資格のうち主なものは以下の通りです。

- 受験する類以外の甲種消防設備士
- 乙種消防設備士になったのち2年以上の実務経験
- 技術士
- 電気工事士
- 電気主任技術者
- 工事の補助者として、5年以上の実務経験
- 専門学校卒業程度検定試験の機械、電気、工業化学、土木または建築に関する部門の合格者
- 管工事施工管理技士
- 高等学校の工業の教科についての教員免許状
- 建築士（1級または2級）
- 配管技能士（1級または2級）
- ガス主任技術者（第4類消防設備士の受験に限る）
- 給水装置工事主任技術者
- 旧給水責任技術者
- 消防行政の消防用設備等に関する事務について3年以上の実務経験（消防機関または市町村役場等の行政機関職員が対象）
- 消防用設備等の工事について3年以上の実務経験
- 旧消防設備士

- 大学、短期大学または高等専門学校等において機械、電気、工業化学、土木または建築に関する学科または課程を修めて卒業
- 大学、短期大学、高等専門学校等において機械、電気、工業化学、土木または建築に関する授業科目を15単位以上修得

学歴については、中等学校、専修学校、職業訓練校などでも該当する場合がありますが、詳細は省略します。自分が該当するかどうかよくわからない場合は、消防試験研究センターに問い合わせるなどしてください。

消防設備士試験には筆記試験と実技試験があり、受験資格によっては一部の試験が免除されます。筆記試験は四肢択一式、実技試験は写真・イラスト・図面等による記述式で行われます。

エネルギー管理士

国家資格

関連する業種	製造業、鉱業、電気供給業、ガス供給業、熱供給業
関連法規	省エネ法
認定機関	省エネルギーセンター（ECCJ）

一定以上のエネルギーを使用する工場は、エネルギー使用量と業種に応じて、エネルギーを有効に使用するためのエネルギー管理者、またはエネルギー管理員を選定しなくてはなりません。

エネルギー管理士は、熱（燃料等）と電気を合算したエネルギー年間使用量が原油換算3000kl（キロリットル）以上の第一種エネルギー管理指定管理工場のうち、製造業、鉱業、電気供給業、ガス供給業、熱供給業の5業種で、エネルギー管理者として選定されるために必要な資格です。

エネルギー管理士になるには、エネルギー管理士試験を受験する方法と、エネルギー管理研修を受講する方法があります。

試験

エネルギー管理士試験は、特に受験資格はなく、誰でも受けられます。

ただし、合格後に免状の交付を受けないとエネルギー管理士とは認められません。免状交付を申請するには、1年以上の実務経験が必要です。
試験科目は課目I、課目II、課目III、課目IVの4つあり、1課目に合格するとその後3年間はその課目は免除されます。

研修

エネルギー管理研修を受けるためには、3年以上の実務経験が必要です。研修は7日間で修了試験に合格しないと研修修了と認められません。研修終了後、申請してエネルギー管理士免状の交付を受けるとエネルギー管理士と認められます。

エネルギー管理研修で修了試験の一部課目のみ合格した場合は、翌年にエネルギー管理研修を受ける場合には、前年に合格した課目の受講と修了試験は免除されます。

認定機関等一覧

本書で紹介している資格の認定機関、試験や講習の実施など認定業務を主に代行する機関についてまとめました。

なお、都道府県職業能力開発協会（技能検定）や都道府県労働局長登録教習機関（作業主任者）については、それぞれ中央職業能力開発協会と厚生労働省のホームページに連絡先などがまとめて掲載されていますので、そちらを参考にしてください。

中央職業能力開発協会

URL http://www.javada.or.jp/

「能力評価試験」の「技能検定（国家検定）」のコーナーで、問い合わせ先などが確認できます。

厚生労働省

URL http://www.mhlw.go.jp/

「政策について」→「分野別の政策一覧」→「雇用·労働」→「労働基準」→「安全・衛生」→「登録教習機関一覧（都道府県別）」とたどると確認できます。

または、ホームページ内の検索ボックスで「登録教習機関一覧」を検索してください。

また、「厚生労働省について」→「資格・試験情報」で技術、安全衛生関連、医療など、厚生労働省管轄の資格試験情報が確認できます。

経済産業省

URL https://www.meti.go.jp/index.html

「経済産業省について」→「資格·試験情報」をたどると、電気工事士、ボイラー·タービン主任技術者など、経産省管轄の各種試験の情報が確認できます。

その他、毒物劇物取扱責任者など都道府県が行うものや、各事業所が行うものについては、それぞれ都道府県の担当部署や各事業所にお問い合わせください。

※ 法人の種類を別にして、団体名を五十音順に並べました。法人の種別（正式名称）はカッコ内に記載しています。

CAD検定部会／NPO法人日本学び協会	
URL	http://japlan.or.jp/career/
資格	CAD実務キャリア認定制度
KEC関西電子工業振興センター（一般社団法人 KEC関西電子工業振興センター）	
URL	https://www.kec.jp/
資格	EMC設計技術者、iNARTE EMC エンジニア／テクニシャン
安全衛生技術試験協会（公益財団法人 安全衛生技術試験協会）	
URL	https://www.exam.or.jp/
資格	移動式クレーン運転士 国家資格 ／エックス線作業主任者 国家資格 ／ガス溶接作業主任者 国家資格 ／ガンマ線透過写真撮影作業主任者 国家資格 ／クレーン・デリック運転士 国家資格 ／ボイラー技士 国家資格 ／ボイラー整備士 国家資格 ／ボイラー溶接士 国家資格
医療機器センター（公益財団法人 医療機器センター）	
URL	http://www.jaame.or.jp/
資格	臨床工学技士 国家資格
家電製品協会（一般財団法人 家電製品協会）	
URL	https://www.aeha.or.jp/
資格	家電製品エンジニア
組込みシステム技術協会（一般社団法人 組込みシステム技術協会）	
URL	https://www.jasa.or.jp/
資格	ETEC組込みソフトウェア技術者試験
原子力安全技術センター（公益財団法人 原子力安全技術センター）	
URL	https://www.nustec.or.jp/
資格	放射線取扱主任者 国家資格
建設業振興基金（一般財団法人 建設業振興基金）	
URL	https://www.kensetsu-kikin.or.jp/
資格	電気工事施工管理技士 国家資格
高圧ガス保安協会	
URL	https://www.khk.or.jp/
資格	液化石油ガス設備士 国家資格 ／高圧ガス製造保安責任者 国家資格
高度情報通信推進協議会（特定非営利活動法人 高度情報通信推進協議会）	
URL	http://www.b2every1.org/
資格	情報配線施工 国家資格
国際文化カレッジ（公益財団法人 国際文化カレッジ）	
URL	https://www.kokusai-bc.or.jp/
資格	ディジタル技術検定
コンピュータ教育振興協会（一般社団法人 コンピュータ教育振興協会）	
URL	https://www.acsp.jp/
資格	CAD利用技術者試験
シスコシステムズ合同会社	
URL	https://www.cisco.com/c/ja_jp/
資格	CCNA（シスコ技術者認定アソシエイト）

省エネルギーセンター（ECCJ）（一般財団法人 省エネルギーセンター）

URL　https://www.eccj.or.jp/

資格　エネルギー管理士 国家資格

消防試験研究センター（一般財団法人 消防試験研究センター）

URL　https://www.shoubo-shiken.or.jp/

資格　危険物取扱者 国家資格 ／消防設備士 国家資格

情報処理推進機構（IPA）

URL　https://www.ipa.go.jp/

資格　情報処理安全確保支援士 国家資格 ／情報処理技術者 国家資格

全国建設研修センター（一般財団法人 全国建設研修センター）

URL　http://www.jctc.jp/

資格　電気通信工事施工管理技士 国家資格

全国工業高等学校長協会（公益社団法人 全国工業高等学校長協会）

URL　https://zenkoukyo.or.jp/

資格　機械製図検定／基礎製図検定

中央工学校生涯学習センター（一般財団法人 中央工学校生涯学習センター）

URL　https://chuoko-center.or.jp/

資格　トレース技能検定

電気・電子系技術者育成協議会

URL　https://www.denki-denshi.org/

資格　E検定

電気技術者試験センター（一般財団法人 電気技術者試験センター）

URL　https://www.shiken.or.jp/

資格　第一種・第二種電気工事士 国家資格 ／第一種～第三種電気主任技術者 国家資格

電気工事技術講習センター（一般財団法人 電気工事技術講習センター）

URL　https://www.eei.or.jp/

資格　特殊電気工事資格者 国家資格 ／認定電気工事従事者 国家資格

電気通信国家試験センター（一般財団法人 日本データ通信協会 電気通信国家試験センター）

URL　https://www.shiken.dekyo.or.jp/

資格　工事担任者 国家資格 ／電気通信主任技術者 国家資格

都道府県職業能力開発協会

URL　http://www.javada.or.jp/（中央職業能力開発協会）
「中央職業能力開発協会」のホームページで「技能検定」をたどると、問い合わせ先などが確認できる。

都道府県労働基準協会連合会

URL　https://www.zenkiren.com/（全国労働基準関係団体連合会）
公益社団法人「全国労働基準関係団体連合会」のホームページで→「関連リンク」の「都道府県労働基準協会連合会等」をたどると各都道府県について確認できる。

資格　石綿作業主任者 国家資格 ／エックス線等透過写真撮影者 国家資格 ／乾燥設備作業主任者 国家資格 ／産業用ロボットへの教示等作業者 国家資格 ／特殊化学設備取扱い作業者 国家資格 ／特定化学物質及び四アルキル鉛等作業主任者 国家資格 ／鉛作業主任者 国家資格 ／プレス機械作業主任者 国家資格 ／木材加工用機械作業主任者 国家資格 ／有機溶剤作業主任者 国家資格 ／四アルキル鉛等取扱作業者 国家資格

日本PE・FE試験協議会（特定非営利活動法人 日本PE・FE試験協議会）

URL https://www.jpec2002.org/

資格 ファンダメンタルズ・オブ・エンジニアリング（F.E.）試験／プロフェッショナル・エンジニア（P.E.）試験

日本ガス機器検査協会（一般財団法人 日本ガス機器検査協会）

URL https://www.jia-page.or.jp/

資格 ガス主任技術者 国家資格

日本機械設計工業会（一般社団法人 日本機械設計工業会）

URL https://www.kogyokai.com/

資格 機械設計技術者

日本技術士会（公益社団法人 日本技術士会）

URL https://www.engineer.or.jp/

資格 技術士・技術士補 国家資格

日本サイン協会（公益社団法人 日本サイン協会）

URL http://www.sign-jp.org/98/index2.html

資格 特殊電気工事資格者（ネオン工事） 国家資格

日本鋳造協会（一般社団法人 日本鋳造協会）

URL https://foundry.jp/

資格 鋳造技士

日本データ通信協会（一般財団法人 日本データ通信協会）

URL https://www.dekyo.or.jp/

資格 工事担任者 国家資格 ／電気通信主任技術者 国家資格

日本内燃力発電設備協会（一般社団法人 日本内燃力発電設備協会）

URL https://nega.or.jp/qualification/index.html

資格 特殊電気工事資格者（非常用予備発電装置工事） 国家資格

日本プラントメンテナンス協会（公益社団法人 日本プラントメンテナンス協会）

URL https://www.jipm.or.jp/

資格 機械保全 国家資格

日本ボイラ協会（一般社団法人 日本ボイラ協会）

URL https://www.jbanet.or.jp/

資格 第一種圧力容器取扱作業主任者 国家資格 ／ボイラー取扱者 国家資格 ／ボイラー取扱作業主任者 国家資格

日本無線協会（公益財団法人 日本無線協会）

URL http://www.nichimu.or.jp/

資格 無線従事者 国家資格

日本溶接協会（一般社団法人 日本溶接協会）

URL http://www.jwes.or.jp/

資格 溶接管理技術者、溶接技能者

資格索引

国資 ………国家資格

■著者略歴

梅方 久仁子（うめかた くにこ）

1959年、兵庫県生まれ。薬学部を卒業後、製薬会社勤務を経てフリーライターに。医療、福祉、健康、ITなど幅広い分野で活躍中。著書に『ゆっくり走れば健康になる』（中経出版）、『福祉・介護の資格と仕事　やりたい仕事がわかる本』（技術評論社）、『建築・土木の資格と仕事　取りたい資格がわかる本』（技術評論社）など。薬剤師、NR・サプリメントアドバイザー。

■取材協力

大阪府立大学工業高等専門学校　杉浦 公彦／神奈川県立向の岡工業高等学校　白田 俊之、大須賀 英文、井野川 淳／椎原 有希／職業能力開発総合大学校　和田 浩一、市川 修、清水洋隆、高野 賀代子、柚木 恭子／日本溶接技術センター付属 日本溶接構造専門学校　泉 英朗

●カバーデザイン／オブジェ … Hope Company
●本文イラスト …………………… 四季ミカ（第1章、第2章）
大西里美（第3章）
●本文デザイン／DTP………… 田中 望

機械・電気の資格と仕事 取りたい資格がわかる本

2021年　2月6日　初版　第1刷発行

著　者　梅方 久仁子
発行者　片岡 巌
発行所　株式会社技術評論社
東京都新宿区市谷左内町21-13
電話 03-3513-6150　販売促進部
電話 03-3513-6166　書籍編集部
印刷・製本　日経印刷株式会社

定価はカバーに表示してあります。

ISBN 978-4-297-11867-9 C3054
Printed in Japan

■お問い合わせについて

本書の内容に関するご質問は、下記の宛先までFAXまたは書面にてお送りください。弊社ホームページからメールでお問い合わせいただくこともできます。電話によるご質問、および本書に記載されている内容以外のご質問には、一切お答えできません。また、資格試験などに関するご質問は、試験実施団体にお問い合わせください。これらのことを、あらかじめご了承ください。

ご質問の際に記載いただいた個人情報は、回答の返信以外の目的には使用いたしません。また、返信後は速やかに削除させていただきます。

宛先：〒162-0846
東京都新宿区市谷左内町21-13
株式会社技術評論社　書籍編集部
『機械・電気の資格と仕事
取りたい資格がわかる本』係

FAX：03-3513-6183
URL：https://gihyo.jp/book